儿童记忆力提升训练

蔡万刚 ◎ 编著

中国纺织出版社有限公司

内 容 提 要

理解能力和记忆能力的强弱，关系到孩子们的智力发展水平。不管从事何种形式的脑力劳动，孩子们都需要记忆力作为智慧大厦的根基，否则前面学习的知识后面马上就忘记了，还谈何记忆和积累呢？

本书以提升儿童的记忆力作为主旨，从各个方面阐述记忆的重要性，以及提升记忆力的有效方式与技巧，也告诉广大的父母朋友们，记忆力对于孩子的学习成长的重要性，提升儿童记忆力，帮助孩子打好学习的根基。

图书在版编目（CIP）数据

儿童记忆力提升训练／蔡万刚编著．--北京：中国纺织出版社有限公司，2021.4
ISBN 978-7-5180-7706-9

Ⅰ.①儿… Ⅱ.①蔡… Ⅲ.①儿童—记忆能力—能力培养 Ⅳ.①B842.3

中国版本图书馆CIP数据核字（2020）第140542号

责任编辑：闫 星　　责任校对：寇晨晨　　责任印制：储志伟

中国纺织出版社有限公司出版发行
地址：北京市朝阳区百子湾东里A407号楼　邮政编码：100124
销售电话：010—67004422　传真：010—87155801
http://www.c-textilep.com
中国纺织出版社天猫旗舰店
官方微博http://weibo.com/2119887771
三河市延风印装有限公司印刷　各地新华书店经销
2021年4月第1版第1次印刷
开本：880×1230　1/32　印张：6.5
字数：114千字　定价：39.80元

凡购本书，如有缺页、倒页、脱页，由本社图书营销中心调换

前　言

生活中，常常会有那么一些瞬间，我们突然感到头脑一片空白，压根儿不知道自己接下来该做什么，甚至四处寻找当时正拿在手里的东西，而后一拍脑门，感慨自己骑驴找驴。这是暂时的遗忘，更像是右脑中的真空状态乍现。这样的遗忘状态突如其来，也会很快消失，真正可怕的是对于知识的遗忘，是不能够记住那些该记住的东西。

每当孩子结束一场规模不算小的考试，总是几家欢喜几家愁，有的父母为孩子的好成绩而骄傲，有的父母为孩子的糟糕表现而懊恼，甚至对孩子河东狮吼、大打出手。不得不说，当今社会中因为孩子学习而导致家里鸡飞狗跳的情况非常常见。每一个父母都望子成龙，望女成凤，他们当然迫切希望孩子能够在学习上出类拔萃，超乎常人。然而，他们却往往忽略了一个问题，那就是一味地强求孩子学习好只会导致事与愿违，正确的做法是为孩子认真学习铺垫基础，让孩子具备努力学习的能力和条件。这样一来，孩子学习上才会事半功倍，也才会卓有成效。

那么，孩子的学习力有哪些表现呢？诸如理解力、表达力、记忆力等，都属于孩子理解力的范畴，其中尤为重要的就是记忆力。英国大名鼎鼎的思想家培根曾经说过，所有的知识

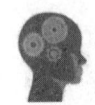儿童记忆力提升训练

都是记忆。孩子们固然无法达到过目不忘的程度，却也要对于学到的知识和看过的书籍有基本的记忆能力，对于老师明确要求准确背诵和默写的内容，则要一字不差地背诵和记忆下来。否则，做任何事情都是左耳朵听，右耳朵冒，根本不入脑子，也根本记不住，一切的知识都无法掌握，更无法灵活地运用。

孩子记忆力很强，在学习上就能事半功倍；孩子记忆力很弱，在学习上就会事倍功半。当然，每个孩子的记忆力在很小的程度上取决于先天，而在很大的程度上取决于后天。所以作为父母不要一味地抱怨孩子记忆力差，总是丢三落四，因为不管是先天原因还是后天原因，都与父母有密切的关系。明智的父母更不会给孩子贴上记性差的标签，而是会想方设法提升孩子的记忆力，让孩子在面对学习的时候更加轻松。

知识的积累正是记忆的过程，有着常人大脑的孩子们，如何才能在记忆方面有出类拔萃的表现呢？学习固然需要勤奋和努力，有的时候也是需要技巧的，例如当掌握了记忆的技巧，孩子们的记忆力就会水涨船高，更上层楼。当然，有针对性地对孩子进行记忆训练，是长期且浩大的工程，父母一定要有足够的耐心，更要讲究方式方法，才能起到良好的效果。古人云，欲速则不达，父母教育孩子也是如此。面对孩子的缓慢进步，甚至不进步反而退步的表现，父母一定要怀着一颗淡然从容的心，才能以平常心陪伴孩子成长，为孩子创造爱与自由的环境。你会发现孩子拥有良好的情绪状态，也有助于提升记忆

前 言

力。由此可见，和谐、民主的家庭气氛，对于孩子的成长有好处，对于孩子记忆力的提升更是效果显著。

　　作为父母，当孩子做得不够好，不要急着在孩子身上找原因，而是要从自身的角度出发，先反思自己作为父母做得是否到位、是否足够好，再提升和完善自己，让自己成为一个合格且优秀的父母，成为孩子人生的领跑者！

编著者

2020年6月

目 录

第01章　做好大脑养护，能力充足的大脑是好记忆的基础 / 001

　　张弛有度，充分休息才能提升记忆力 / 003
　　大脑越用越灵活 / 006
　　保证高质量的睡眠，让脑细胞更活跃 / 010
　　运动是让大脑休息的最好方式 / 014
　　营养均衡，大脑才能均衡发育 / 019

第02章　打造适宜环境，好气氛和安静的空间有利于孩子记忆 / 023

　　确定孩子身体健康，再发展记忆力 / 025
　　孩子充满信心，才能增强记忆力 / 027
　　父母的愤怒无法提升孩子的记忆力 / 032
　　孩子需要在安静的空间里才能全神贯注 / 036
　　和谐愉悦的家庭氛围让孩子放松 / 040

第03章　培养专注力，全身心投入让孩子记得更快更牢 / 045

　　专注力越强，记忆力越强 / 047
　　孩子投入地玩游戏也是一件好事情 / 051
　　给孩子具体明确、条理清晰的任务 / 054

　　限定时间，让孩子更加全力以赴 / 057
　　提问可以有效汇聚孩子的专注力 / 061

第04章　建立良好用脑习惯，让孩子轻松开启记忆之门 / 065

　　记忆目标明确，记忆才能有的放矢 / 067
　　理解深入，记忆更顺畅 / 070
　　把知识分门别类，让记忆水到渠成 / 074
　　重复记忆才能起到巩固的作用 / 077

第05章　消除记忆恐惧，让孩子找到记忆信心建立记忆兴趣 / 081

　　快速阅读有助于激活记忆 / 083
　　让孩子利用"回想练习"加深记忆 / 087
　　引导孩子默写，加强记忆 / 091
　　反复诵读，让右脑记忆效果更好 / 094
　　用颜色对需要记忆的内容进行区别 / 097

第06章　激发想象力，激活右脑帮助孩子进行有效记忆 / 101

　　让想象力成为孩子记忆的翅膀 / 103
　　联想，让记忆事半功倍 / 107
　　学会编故事，用故事串联记忆 / 110

目 录

把要记忆的内容变成相片存储起来 / 113

调动更多感官参与记忆 / 116

第07章 随时开启记忆训练，深度开发孩子的记忆潜能 / 121

迈出第一步，才会离成功越来越近 / 123

轻松随意的记忆容易出现错误 / 126

坚持训练，提升记忆力 / 129

激发强大的记忆力 / 132

找到适合自己的记忆方式 / 136

第08章 培养敏锐的观察力，从记住他人的身份和相貌开始 / 141

把姓名和人对号入座是一种能力 / 143

记住他人相貌的独特之处 / 146

有方法，才能加深记忆 / 149

姓名也可以使用联想法进行记忆 / 153

第09章 几个常用记忆法，帮助孩子推开记忆之门 / 157

利用场景进行记忆 / 159

利用图形助力记忆 / 162

观察细致，记忆才深刻 / 166

联想，让记忆更强大 / 171

视觉的直观性有助于记忆 / 175

第10章　调整自身状态，使记忆力精彩绽放 / 179

远离焦虑，心情好记忆力水涨船高 / 181

分清楚轻重主次，好记性用在刀刃上 / 184

把握记忆的节奏，对抗遗忘 / 187

自我检测，让记忆力效果最佳 / 192

临阵磨枪，不快也能光 / 194

参考文献 / 198

第 01 章
做好大脑养护,能力充足的大脑是好记忆的基础

对于孩子而言,记忆是非常重要的,如果没有记忆作为最有力的支撑,孩子们的智慧就会显得非常空洞。古希腊大名鼎鼎的哲学家亚里士多德曾经说过,记忆是智慧之母。由此可见,要想让孩子们充满智慧,就一定要全力以赴地帮助孩子们增强记忆力,提升记忆水平,这样孩子们才能积累更多的知识和经验,也才能在成长的道路上不断前进,坚持进取。

第 01 章　做好大脑养护，能力充足的大脑是好记忆的基础

张弛有度，充分休息才能提升记忆力

现实生活中，总有些孩子虽然很勤奋努力，但是却始终无法有效地进行记忆，哪怕付出了大量的时间和精力在记忆方面，但是记忆的效果却很差。相反，有些孩子虽然学习上表现得轻轻松松，并没有把所有的时间和精力都用于记忆，但是却常常能够取得很好的记忆效果，而且在学习上出类拔萃。这到底是为什么呢？难道孩子们天生的记忆力相差如此悬殊吗？其实不然。

孩子们的先天记忆能力虽然有强有弱，但是差距并不大。每个孩子在成长方面之所以表现得截然不同，就是因为他们后天对于记忆力的保护和激发是不同的。现代社会，父母们生存的压力很大，为了让孩子们将来能有好的生活，所以父母们无形之中就会把压力转嫁到孩子身上，美其名曰是为了孩子着想，实际上却因为望子成龙、望女成凤心切，导致无形中就对孩子们寄予了太过迫切的愿望，也使得孩子们承受了巨大的压力。面对学习上的沉重任务，孩子们未免会过分透支精力和体力，也会导致自身无法得到充分的休息，而陷入学习的负面状态。

学习是一个漫长的过程，绝不是朝夕之间就能得到巨大进

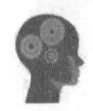
儿童记忆力提升训练

步和提升的。首先，父母要对孩子的学习端正态度，持有正确的观念，而不要一味地催促和奢望孩子在短时间内就获得成功。其次，孩子对于学习也要从容，要知道罗马也不是一天建成的，为此孩子们即使想认真努力地学习，也要把握好合适的节奏，这样才能获得最好的学习效果，也能起到增强记忆的作用。

记忆力毫无疑问需要耗费大量的时间和精力，尤其是需要有清醒的头脑作为支撑。尤其是孩子们正处于长身体的关键时期，身体的成长本身就需要消耗大量的营养，为此一定要注意休息，劳逸结合，在紧张忙碌的学习之余也要做到适当娱乐和休息，这样才能张弛有度，也才能让记忆力的效果最好。

丹丹是一个非常勤奋的女孩，她现阶段最大的目标就是做好小升初冲刺，考上市重点中学。对此，爸爸妈妈全力支持丹丹，他们都觉得丹丹很有实力，只要她坚持不懈地努力，就一定能够如愿以偿。为此，爸爸妈妈始终坚持给丹丹做好后勤工作，保障丹丹有均衡营养的饮食，也总是激励和鼓舞丹丹。

面临小升初，丹丹知道自己需要复习和记忆的内容很多，为此利用闲暇时间把所有重要的知识点都总结起来，分为不同的学科专门记录在专用记录本上。整理完之后，丹丹每天在完成学校的作业之后，都会利用空余时间提前复习和记忆这些知识。所谓笨鸟先飞，丹丹并不笨，却还这么努力用功，因此在学习方面有了出类拔萃的表现。当老师在课堂上带着同学们开

第01章 做好大脑养护，能力充足的大脑是好记忆的基础

始复习的时候，丹丹早已经把知识烂熟于心，所以有非常好的表现。老师当然会表扬丹丹，丹丹也下定决心要更加努力复习，继续保持优势。有一天晚上，丹丹已经完成学校的作业并且复习了一段时间，在洗漱之后，还准备再背诵几篇课文。她实在太困倦了，为此闭着眼睛口中念念有词开始背诵课文。背着背着，她的头脑开始昏沉起来，忍不住打了个盹，头险些磕到桌子上。这个时候，她猛然睁开眼睛，看到妈妈正在一旁看着她，不好意思地笑起来。妈妈关切地对丹丹说："丹丹，天色不早了，赶紧上床睡觉吧。学习固然重要，但是如果以牺牲休息为代价，就会导致虽然花费了很多时间，但是却头昏脑胀的，根本无法保证学习的效果。"丹丹觉得妈妈说得很有道理，赶紧合上书本，才刚躺到床上就呼呼大睡。次日清晨起床，丹丹只用了十分钟的时间，就把原本昨晚上需要记忆的内容进行了复习，果然事半功倍。

在这个事例中，丹丹积极学习的精神当然是值得赞赏的，但是如果为了学习而耽误休息，使得自己精力不济，就无法保证学习的效果，也会导致学习陷入困境，不能取得长足的进步和发展。古人云，欲速则不达，学习固然需要勤奋刻苦的精神，却也要把握好节奏，从而达到更好的效果。如果孩子在学习上始终处于疲惫不堪的状态，不但会导致头脑昏昏沉沉，无法起到预期的效果，而且会导致身体发育不良。不管是从身体的角度进行考虑，还是从学习的角度进行考虑，过度疲劳对于

005

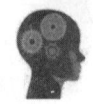

孩子的成长都有很糟糕的负面作用和影响，不利于孩子健康快乐地成长。

对于孩子而言，在长期进行高强度记忆之后，还会导致记忆力衰退的现象出现，这就是记忆疲劳导致的。人的精力是有限的，为了让精力在消耗殆尽之前得到恢复，最好的做法就是像对待弹簧那样，张弛有度，这样弹簧才能恢复此前的良好弹性。否则如果超过正常的弹性范围，则只会导致弹簧被拉坏，再也无法回去。那么作为父母，当看到孩子对于学习过于执着且怀着过度的热情时，就可以有的放矢地引导孩子进行放松。例如，让孩子每学习一段时间就要进行一些运动，或者进行短暂的休息。孩子们早晨往往起得比较早，父母还可以引导孩子在中午进行短暂午休，这样才能保证下午和晚上都有很好的精力。总而言之，只有休息才能保持清醒的头脑和良好的记忆状态，而只靠一味地透支时间和精力来占据优势，则是根本不可能长久的。所谓张弛有度，说的就是这个道理。

大脑越用越灵活

有人说，大脑就像是一部机器，其实是有一定道理的。只不过和世界上其他的所有机器相比，大脑这部机器更加精密，且运行需要更多的动力。有很多孩子都特别懒惰，因为从小就

第01章 做好大脑养护，能力充足的大脑是好记忆的基础

在父母的照顾下成长，所以渐渐养成了依赖的坏习惯，不管做什么事情都不愿意自己独立完成，而总是第一时间就想着向父母求助。甚至在学习上遇到难题的时候，他们也会第一时间询问父母，而无视那些工具书，更不会主动使用工具书。不得不说，这对于孩子的健康成长极其糟糕。如果孩子总是凡事依赖，则一定会导致成长面临各种困境和障碍。

大脑既然像机器，就需要经常运转，这样才能保持顺滑。否则，如果长时间保持不用，则只会导致"生锈"。面对一个锈迹斑斑的大脑，还如何能够灵活思维和熟练记忆呢？对于孩子学习，一定要有灵活高效的大脑，才能保证学习的效果，也才能成功记忆。

看到这里，也许有些父母会问：如何才能让孩子的大脑动起来，变得更加充满智慧呢？其实，智商的高低只有一部分取决于先天因素，在后天的成长中，孩子的大脑和智商会得到更快速的成长和发育。在此过程中，父母一定要激发孩子的潜能，让孩子的智力水平得以持续提升。很多父母都知道，孩子在学校里每天上午十点前后，都会统一做眼保健操、健身操，这实际上都是为了保证身体健康。那么，有没有什么办法可以让大脑也做操，从而让大脑得到保健呢？的确，大脑也有健身操，只不过大脑的健身操无法像身体的保健操那样伸伸胳膊踢踢腿，而是要让大脑活跃起来。

期中考试之后，学校里召开了家长会，妈妈兴致勃勃去

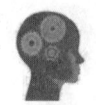 儿童记忆力提升训练

参加会议,因为她知道陈培一直以来学习成绩都很不错,因而相信陈培不会给她丢脸。然而,在会议过程中,妈妈非但没有听到老师对陈培的表扬,反而很惊讶地从老师那里得知,陈培最近学习状态不好,课后没有做到认真复习,导致很多刚刚学习过的内容都记不住。妈妈感到很惊讶,暗暗想道:陈培每天回家都很积极地写作业,而且在完成作业之后,还能主动复习呢!为何会记不住知识点呢?

回到家里,妈妈像往常一样开始做饭,而没有急于找到陈培询问情况,是因为她还不知道如何和陈培说。晚饭做好了,妈妈对陈培说:"陈培,你最近觉得记性有些不好吗?"陈培点点头,说:"最近,我总是觉得自己丢三落四的,明明之前已经很努力去记,却总是把重要的内容又遗忘了。"看着陈培的样子,妈妈安抚陈培:"遗忘是正常的,过目不忘的那是计算机。不过,我们应该想办法提升记忆力,对抗遗忘,这样学习才能事半功倍。刚才妈妈查阅了提升记忆力的书籍,学到了一个方法,你愿意试一试吗?"陈培对此兴致盎然,对妈妈说:"我很愿意试一试,到底是什么方法呢?"妈妈说:"就是做大脑保健操,让大脑变得更加充满活力。"

接下来,妈妈拿出精心设计的几款游戏,和陈培一起玩得不亦乐乎。这些游戏都有健脑益智的作用,而且还可以帮助陈培放松紧张的心情,可谓一举数得。后来,陈培经常和妈妈做这些游戏,而且思维越来越活跃,常常在阅读的时候也会带着

第01章 做好大脑养护，能力充足的大脑是好记忆的基础

问题，进行思考。就这样，他在学习上的表现水涨船高，越来越事半功倍。

在学习的过程中，如果没有灵活的头脑作为支撑，孩子们的学习效率自然很低。只有激活大脑，带着大脑去进行阅读、思考和学习，才能有的放矢激发出学习的动力，也才能让记忆力不断增强。当然，有助于孩子提升智力的方式很多，绝不仅仅只是做游戏。当然，在前期阶段，让孩子们以做游戏的方式调动思考，则有助于培养孩子们对于思考问题的积极性和灵活性，也有助于孩子们理解力和记忆力的增强。

当孩子们渐渐养成了勤于思考的好习惯，接下来，就可以再把大脑保健操贯穿于学习过程中。例如在读书的过程中，可以带着问题去读书，从而一边阅读一边思考，在阅读的过程中也就把问题研究得更加透彻和深入。在思考问题的过程中，还可以朝着更加纵深处发展，而不要让思维流于表面，更不要让思考变成一种形式。日常生活中，还要鼓励孩子养成写日记的好习惯，实际上，写日记的过程就是对自我进行反思的过程，这样未来孩子在遇到相同或者相似的问题时，才会知道自己哪里做得很好，哪里做得不足。总而言之，大脑就像机器一样，越用越灵活，如果长时间不用，就会变得越来越僵硬，也根本无法有效地记忆和学习。

孩子们一定要养成做大脑保健操的习惯，所谓习惯成自然，这样才能水到渠成把各个方面的事情做得更好。当然，除

儿童记忆力提升训练

了脑部运动之外，去空气新鲜的户外呼吸、散步，观赏美妙的景色怡情养性，也能够对大脑起到很好的保健作用。当然，记忆力并非完全天生的，随着后天的成长和培养，也是可以不断提升的。为此，时而进行一些有助于提升和增强记忆力的活动，也是非常好的。

保证高质量的睡眠，让脑细胞更活跃

一个人如果缺乏睡眠，就会变得头昏脑胀，根本无法以清醒的头脑进行有效的记忆。反之，一个人如果始终都能保持良好的精神和睡眠，则就会处于头脑不清醒的状态，也会导致记忆力下降，因而记忆知识和内容的时候，无法做到准确高效，更不可能实现最好的记忆效果。这是因为当孩子们感到困倦不堪的时候，脑细胞也会跟着犯困，变得非常疲惫。尤其是孩子们正处于长身体的时候，除了需要均衡的营养之外，更需要充足的睡眠，为此一定要保证高质量的睡眠，才能让脑细胞得到充分的休息，从而变得更加活跃。

注重睡眠，说起来很容易，但是真正想要做到却很难。如今，随着社会的发展，父母承担着越来越繁重的工作和巨大的压力，无形之中就会把压力转嫁到孩子身上。有些孩子每天放学之后就要上课外班，每到周末还会参加各种兴趣课程，为此

第01章 做好大脑养护，能力充足的大脑是好记忆的基础

常常会主动或者被动地挤压睡眠的时间用来学习。实际上，如果学习不能在良性范围内保持合理的循环，则就会陷入恶性状态，导致睡眠状态越来越差，而健康问题也会日益凸显。最关键的是，如果不能平衡好学习与睡眠之间的关系，还会使得睡眠质量下降，学习效果也变糟糕。

当然，也有的孩子因为喜欢看电视、玩游戏或者阅读课外书等原因，在学习之后没有充足的时间发展兴趣爱好，为此只能挤压睡眠时间来做自己喜欢的事情。不得不说，这种安排也是非常不合理的，也许短期内能够满足孩子们发展兴趣爱好的需求，但是日久天长，孩子在学习上的状态越来越糟糕，只会导致在成长中陷入困境，各种事情会变得很混乱，效率也极其低下。

最近，小七迷上了看武侠小说，班级里有很多男生都爱看武侠小说，唯独小七对于武侠小说无法抗拒，有的时候甚至在课堂上偷偷地看。每天晚上，小七假装睡觉应付完爸爸妈妈的睡前检查后，就会打开手电筒躲在被窝里偷偷看书。于是这段时间里，小七每天早晨都像是睡不醒一样，睁开眼睛就犯困，爸爸妈妈都感到很疑惑："明明已经睡了挺长时间，为何还是这么困倦呢？"

有一天上课，小七居然在课堂上打起盹来，睡着了。老师很生气，当即罚小七站着听课，而且在课后把这个情况反馈给小七爸爸妈妈。后来，老师经过调查，得知小七在课堂上看武

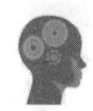 儿童记忆力提升训练

侠小说,还从其他同学口中得知小七晚上看武侠小说到凌晨。老师只好把小七妈妈请到学校。当面问小七妈妈:"您为何允许孩子夜里看武侠小说呢?要知道,孩子休息不好,不但影响次日听课,而且还会降低注意力、记忆力等一系列学习的能力。"妈妈从不知道这个情况,为此感到非常惊讶,当即向老师保证回到家里就会教育小七,也会严令禁止小七这么做。

回到家里,妈妈和小七说起晚上不睡觉看小说的事情,小七不以为然地说:"这有什么关系?我又没有影响学习!"妈妈反问:"你觉得没有影响学习,那么你早晨起床就那么困倦,上课能做到认真听讲吗?记忆力还能保持强大吗?你只是没有直接影响学习,但是你这种行为给学习带来的负面影响非常严重。"小七对妈妈的话无法辩驳,只好低下头不说话。后来,妈妈又对小七说:"还有,以后上学的时候不允许带课外书,更不允许在课堂上看课外书,否则你的学习一定会一落千丈。"就这样,妈妈和小七沟通很长时间,才让小七认识到其中的道理,也得到小七以后有节制看课外书的承诺。

每个人都是活生生有血有肉的人,而不是钢铁打造的机器,更不是无所不能的神仙。只有珍惜时间和精力,也合理安排生活与学习的节奏,才能最大限度保证学习的效果,让学习事半功倍。否则,如果没有充足的睡眠,身体得不到足够的休息,则只会导致身体的各种器官始终处于超负荷运转的状态,也会导致大脑变得特别迟钝和麻木。这样一来,混乱的思维还

第01章 做好大脑养护，能力充足的大脑是好记忆的基础

如何能够保证学习的效果呢？任何时候，孩子们除了要保证全力以赴学习和前进之外，还要优先保证身体健康、正常运转，否则没有健康良好的身体，一切的努力都因为失去了前提而变得毫无意义。

充足的睡眠，不但有助于孩子的身体健康成长，而且有助于孩子在学时驱赶困倦，从而有更加灵活清晰的思维，也有更好的记忆效果。具体而言，父母如何做才能保证孩子获得高效充足的睡眠呢？首先，要为孩子营造良好的睡眠环境。很多父母都可以做到给予孩子优质的睡眠环境，诸如为孩子提供良好的床品等，但是却忽略了为孩子提供适合睡眠的家庭环境。大多数父母都要求孩子早睡早起，父母本身却是夜猫子，常常会在孩子准备睡觉的时候打开电视或者电脑等，这样一来，孩子想到父母还在娱乐休闲，常常会感到愤愤不平，还如何能够保持安静的睡眠状态呢？其次，父母要和孩子一起制订合理的作息时间，例如要求年幼的孩子八点钟洗漱，八点半准时上床，而要求稍微大一些的孩子九点钟准时洗漱，九点半准时上床。如此坚持规律的作息，渐渐地，孩子就会形成生物钟，为此哪怕不需要闹钟提醒，也能做到早睡早起。此外还需要注意的是，在准备睡眠的过程中，不要让孩子做容易兴奋的事情，也不要让孩子大量饮水。做兴奋的事情，孩子往往会因为兴奋，而无法投入睡眠；大量饮水，则导致孩子频繁想上厕所排尿，为此当有倦意袭来的时候，就因为起身撒尿而变得清醒，这样

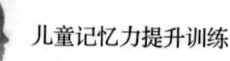

一来，入睡会变得非常困难。

　　优质的睡眠，不但有助于孩子健康快乐成长，也有助于孩子的大脑得到充分休息，消除疲倦状态，为此更加清醒，更加思维敏捷。父母是孩子的第一任老师，也能够为孩子树立最好的榜样作用。父母在教育孩子的问题上，切勿只许州官放火，不许百姓点灯。如果父母不能为孩子树立积极的榜样作用，只会导致孩子心中愤愤不平，这样一来，孩子自然无法有效地坚持规律作息，也会使得大脑因为缺乏睡眠而变得浑浑噩噩。

运动是让大脑休息的最好方式

　　前文说过，充足的休息和睡眠可以让孩子的大脑变得更加清醒，然而，休息和睡眠都需要适度，孩子们不可能一旦觉得大脑疲劳，马上就要躺在床上入睡。如果是在家里，躺在床上入睡还是可行的，但是睡眠也不能泛滥，而是要保持充足且适度的原则。如果是在学校里，如何才能做到随时随地地给大脑休息呢？其实除了睡眠之外，还有一种很好的方式可以让大脑得到休息，那就是运动。

　　众所周知，生命在于运动，实际上，大脑的休息也同样要依赖于运动。当孩子们爱上运动，也能够坚持运动，不但会让身体变得更加强壮，而且孩子的智力也会在运动的刺激下发育

第01章 做好大脑养护，能力充足的大脑是好记忆的基础

更加快速。此外，曾经有心理学家经过研究发现，爱运动的孩子还会具有更强的人际交往能力。由此可见，运动对于孩子们的健康成长具有非同寻常的意义。当然，本书的主旨就是想方设法提升孩子们的记忆力，那么，运动对于促进孩子们的记忆力发展有哪些好的作用呢？首先，运动可以让孩子们的大脑得到休息，从而使孩子从学习的劳累状态中摆脱出来。其次，运动会让孩子浑身的血液流速加快，让孩子的大脑得到更加充足的氧气，为此记忆力状态当然会更好。这样一来，孩子们在脑力劳动和身体的运动中不停地切换模式，自然会劳逸结合，让学习效果事半功倍，也让记忆的效率大大提升。此外，在运动的过程中，孩子们还可以亲近大自然，感受自然界里的鸟语花香，当然会有更好的成长。

有些孩子在课间十分钟里也总是在积极地读书、写作业，而不会走出教室去休息和放松下。其实，这看似是很主动地在学习，实际上却会给学习带来糟糕的后果。因为课间十分钟原本就是为了让孩子们放下书本，走出教室休息而专门设置的。不但有助于孩子们放松，也有助于孩子们休息眼睛。如果孩子们不能很好地利用课间十分钟，看起来抓住了课间十分钟努力用功，实际上却因为没有得到适宜的休息而导致下一节课上精神倦怠，为此一定会影响上课的效果。反之，有的孩子下课了就会走出教室进行简单的运动，也会和同学们一起玩耍放松心情，还会极目远眺休息眼睛，这样一来，他们才能及时从上一

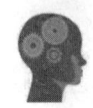儿童记忆力提升训练

节课的内容中摆脱出来,也才能更加全力以赴上好下一节课。

很多孩子存在误解,觉得记忆力的展现就在上完课之后完成作业和复习阶段。其实不然。孩子们在学习的过程中自始至终都需要用到记忆力。举个简单的例子来说,如果孩子们课堂上能够把老师讲述的内容记住很多,那么课后复习就会更加轻松,记忆的任务也会相对容易,因为他们在课堂上就记忆了很多内容。反之,如果孩子们在课堂上什么内容都记不住,而必须依靠课后才能记忆很多内容和知识点,则课后的任务会很繁重,自然记忆的效果也就不会那么好。为此,不管是在课堂上还是在课后,孩子们都要充分调动起记忆力,才能在最短时间内把该记住的东西尽量记住,也才能让记忆起到最佳的作用和效果。

在整个班级里,小军的记忆力都是最强的。每次老师布置完需要记忆的内容,小军都能第一时间记忆下来,这让同学们都惊呼小军有过目不忘的本领。有一次开班会,老师要求同学们分享学习的经验,就有同学强烈要求小军分享过目不忘的本领。小军不好意思地走上讲台,说:"其实,我根本不是过目不忘,只是记得比较快而已。每天早晨,我都会早起半小时和爸爸一起在小区里运动,或者跑步,或者打会儿篮球,或者打羽毛球。从上小学一年级,我们就这么坚持,因为爸爸说多运动有助于脑部发育,也有助于提升记忆力。可能,就是这个原因吧。对了,爸爸还坚决禁止我用课间的时间写作业,或者是

第01章 做好大脑养护，能力充足的大脑是好记忆的基础

看书。他说，课间十分钟就是用来休息的，只有休息得好，才能在下一节课专心投入，把老师讲的内容都记住。我觉得的确很有道理。"

听完小军的分享，老师让同学们给予小军热烈的掌声。老师说："孩子们，磨刀不误砍柴工，可不是说把所有的时间和精力都用于学习，就能保证学习很好的。我们也要向小军学习，合理利用和安排好时间，一方面学习的时候要认真；另一方面，在学习之前和学习的过程中，也要坚持运动，这样才能给大脑更好的休息，也成功地增强记忆力。我发现有很多同学都会在课间伏案疾书，看起来的确提前了几分钟完成作业，但是由此带来的损失却很大。例如第一节课是数学课，大家在数学课结束后都在完成数学作业，而等到第二节课铃声响起，大家还沉浸在数学的思维中无法自拔。这样一来，当然也就会影响第二节课的效果。唯有在课间好好休息，为第二节课做准备，才能实现在第二节课高效率听讲。"听了老师的话，同学们纷纷表示认可，从此之后，同学们运动的热情被调动起来。

从小军传授的经验可以看出，当孩子们养成爱运动的好习惯，也的确能够坚持运动，就会在学习方面真正做到劳逸结合，也能够在不知不觉间有效地提升记忆力，促进大脑的发育和思维的运转。

在投入运动中的时候，孩子们往往脉搏加速，思维敏捷，

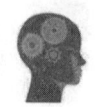 儿童记忆力提升训练

头脑清晰，而且脑部也会得到充足的血液，得到足够的氧气，为此记忆力也得到大幅度提升。因此作为父母，再也不要狭隘地理解孩子们的学习，而是要有的放矢引导和激励孩子们进行运动，必要的时候，还应该和小军爸爸一样坚持陪伴孩子们一起运动。这样一来，孩子们才能更好地成长，更加快速地发育，也才能全力以赴坚持做到最好。

从心理学的角度而言，运动还能培养孩子们顽强不屈的意志力，让孩子们在遇到难题的时候，能够激发自身的潜能，全力以赴做到最好。否则孩子们总是迎难而退，一旦遇到小小的问题就会放弃，表现出胆小怯懦，则未来就会变得更加软弱。当然，父母要给孩子做好榜样，可以购买运动装备，陪伴和督促孩子一起运动。父母是孩子最好的老师，也是孩子最好的榜样，当孩子看到父母坚持运动不叫苦不叫累，孩子无形中就会受到父母的感染，也更加热衷于运动。当然，凡事皆有度，过犹不及，孩子们既不要觉得运动会耽误学习的时间，也不要因为专注于学习而荒废了运动，而是要制订合理的学习计划和运动计划，这样才能让运动和学习交叉进行，也才能让运动和学习面面俱到，都产生很好的作用和效果。此外，在进行家庭集体活动的时候，也可以朝着运动方面去倾斜，这样一来，有助于提升运动的趣味性，让孩子对于运动更加乐此不疲。

第01章 做好大脑养护，能力充足的大脑是好记忆的基础

营养均衡，大脑才能均衡发育

身体的发育需要均衡的营养素。营养均衡不但有助于孩子健康快乐地成长，而且对于孩子的脑部发育也会起到促进作用。在生活中，有很多孩子都有挑食的坏习惯，他们只吃自己爱吃的，而对于自己不爱吃的食物，则丝毫不想吃。不得不说，这对于孩子的健康成长是绝没有好处的，不但不利于营养均衡，影响身体的发育，而且还会损害孩子的记忆力，使得孩子的记忆力下降。为此，父母要从小就培养孩子不挑食的好习惯，这样才能让孩子的身体和大脑都得到充足的养分，健康成长。此外，父母还要帮助孩子认识到各种事物富含的营养素，这样孩子才会知道自己应该吃哪些食物。

很多父母都羡慕别人家的孩子长得又高又壮，而且活泼可爱，非常聪明，却觉得自己家的孩子常常病恹恹的，而且在学习方面也没有出色的表现。其实，这与孩子们是否摄入均衡的营养，是否能够健康快乐成长有密切关系。作为父母，从孩子小时候就要为孩子提供均衡的营养素，从而引导孩子摄入充足的营养。当孩子养成了不挑食的好习惯，身体就会更加强壮，头脑的发育也会更加完善。这样一来，在利用大脑进行思维活动和记忆活动的时候，大脑才有足够的营养作为消耗，也才能有能量进行各种活动。

小美在小学中低年级阶段，学习成绩一直很好，但是自从

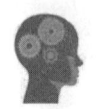
儿童记忆力提升训练

升入小学高年级之后，语文和英语学习的难度都大大增强，小美的学习成绩有了很大的下滑。特别是英语成绩，居然从上等水平变成了中下水平，有一次还考了倒数几名。对此，老师反馈给爸爸妈妈的信息是："小美记不住英语单词，对于英语阅读理解完全看不懂"。爸爸妈妈也知道学习英语就要有基础的知识作为铺垫，例如，要记住英语单词和语法等。对此，小美也的确付出了很大的努力争取做到更好，但是却始终不见成效。

有一天，小美起床之后突然说头晕，妈妈很担心，带着小美去医院里进行检查。医生刚见到小美，就忍不住说："这个孩子，嘴唇怎么这么苍白！"说完，医生还翻看了小美的下眼睑，对妈妈说："这个孩子贫血，去抽个血查下吧！"很快，检查结果出来了，原来小美贫血还挺严重的。听到妈妈说小美平日里只喜欢吃菜，而很少吃鱼虾肉类，医生对小美说："小朋友，鱼虾肉类和蔬菜水果一样都能提供身体需要的营养，尤其是一些红肉里富含铁元素，对于改善贫血状况有很大的好处。你还应该多吃猪肝，因为猪肝里富含铁。从现在开始再也不要挑食了，否则你就会经常感到头晕，还会导致记忆力衰退呢！"小美对于医生所说的话很相信，回到家里，当天晚上就吃了妈妈特意为她买的猪肝。后来，小美渐渐地改变了挑食的坏习惯，脸色渐渐红润起来，记忆力也有所提升。

与一个偏食导致营养不良的孩子相比，那些不偏食且营养全面的孩子自然成长发育得更好，在各个方面的表现也会更

第01章 做好大脑养护，能力充足的大脑是好记忆的基础

加出类拔萃。那么，具体而言，父母要如何做才能保证孩子们营养均衡呢？首先，一日之计在于晨，整个上午，孩子们会进行重要课程的学习，为此父母要督促孩子吃早餐。为了吸引孩子的食欲，父母还应该让早餐变化多样，这样孩子才能吃得饱，也才能在整个上午活力满满。通常情况下，早餐最好要有谷类食物、蛋白质类食物，还应该进食乳制品和膳食纤维。其实，一个白水煮蛋、一碗粥、一杯牛奶是很不错的选择，还可以吃一些水果等。其次，保证孩子在作为中餐的正餐中摄入足够多的营养。如今，在很多大城市里，学校会提供营养均衡的午餐。而有少数学校不提供午餐的，父母就会给孩子们制作便当。中午的一餐到晚餐距离很长的时间，为此可以给孩子提供鸡鸭鱼肉等优质蛋白，也要为孩子提供足够的营养谷物。至于晚餐，则要合理搭配，既要吃得早，也要给孩子提供均衡营养，促进孩子的消化，保证孩子的睡眠。最后，在一日三餐之间，因为孩子正处于快速成长、新陈代谢很快的时期，为此父母要给孩子准备一些健康的零食，诸如酸奶和水果，全麦面包和花生酱等。注意，不要让孩子吃那些含热量特别高的食物，否则会导致孩子晚餐没胃口，一旦过了晚餐的时间要睡觉的时候，又会觉得很饿，导致太晚吃饱了睡不着，使得血液充盈在胃部，不利于健康优质的睡眠。总而言之，孩子挑食不好，吃得太多太饱也不好。父母要帮助孩子搭配合理健康的饮食，也要引导孩子在每一餐都吃得恰到好处，这样孩子才会吃得好，

儿童记忆力提升训练

也吃得健康,使得身体和大脑都得到充足发育,变得更加身强体壮,头脑聪明。

第 02 章
打造适宜环境，好气氛和安静的空间有利于孩子记忆

孩子的智慧根源就在于强大的记忆力，如果孩子总是记不住很多知识和内容，则渐渐地就会失去信心，为此记忆力就会更加下降。由此可见，对于孩子而言，良好的记忆力至关重要，唯有帮助孩子奠定良好的记忆力基础，孩子才会在适宜的氛围中更加热衷于记忆，也让记忆起到最佳的作用和效果。作为父母，既要为孩子提供安静的空间，也要为孩子创造适宜的记忆氛围，这样孩子的记忆才能更牢固，也才能更加全力以赴做到更好。

第02章 打造适宜环境,好气氛和安静的空间有利于孩子记忆

确定孩子身体健康,再发展记忆力

如今,有很多父母都意识到记忆力对于孩子发展的重要性,为此都会想方设法、全力以赴地提升孩子的记忆力,帮助孩子发展记忆力。有些父母望子成龙、望女成凤,恨不得代替孩子去做很多努力。殊不知,这样一味地强迫孩子记忆,尤其是当孩子身体不舒适的时候,根本不可行,还有可能起到事与愿违的作用和效果。为此明智的父母在督促孩子记忆之前,会先确定孩子的身体状况很好,才会有的放矢引导孩子进行认真的记忆。

例如有的孩子因为贫血导致精神倦怠,记忆力减退,如果不能缓解贫血的问题,一味地强迫孩子要记住很多东西,根本无法起到预期的效果。再如,有的孩子正在肚子疼或者头疼,那么进行记忆的效果也会很差,这是因为他们的注意力很容易被疼痛分散,这直接导致他们的记忆力降低和减弱,使得记忆效果受到很大的影响。为此父母在督促孩子针对一些知识和内容进行记忆的时候,一定要给予孩子更多的关注,首先要确定孩子身体情况一切正常,没有病痛或者不适的困扰,然后再督促孩子认真努力地进行记忆,这样对于促进孩子记忆是大有好处的。

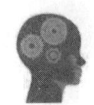 儿童记忆力提升训练

最近,妈妈很为小米的学习发愁。因为自从升入小学高年级之后,小米每天看起来都头昏脑胀的,整个人也无精打采。妈妈很想问问小米在学习上遇到了什么困难,但是小米每次都搪塞过去,根本不愿意和妈妈谈论。尤其是在考试成绩不理想的时候,小米常常把自己关在房间里,不愿意面对爸爸妈妈,也不愿意和爸爸妈妈沟通。

一天早晨,小米迟迟不愿意起床,而且说自己很难受,前一天晚上彻夜都没有睡好。妈妈很担心,关切地问小米:"小米,你经常失眠吗?"小米点点头,哭着说:"我还总是梦见考试,梦见自己怎么也不能准时到学校啊。"妈妈决定带着小米一起去看心理医生。心理医生仔细询问小米各种情况后,对妈妈说:"孩子有比较严重的神经衰弱,而且压力也很大,内心很焦虑紧张。您是不是经常给她压力啊?"妈妈想了想,尴尬地回答:"的确,我很希望孩子能够在学习上有出类拔萃的表现,也常常会督促她认真学习,掌握一些知识,争取考得好成绩。"心理医生说:"接下来,希望您能尽量多关心孩子的身体。您想,孩子已经觉得很不舒服,您却只知道盯着她的学习,这让她更加感到压力山大。"妈妈很羞愧地说:"我的确不知道她有这种困扰,她从来没有说过。"心理医生纠正妈妈:"即便孩子不说,您作为和孩子最亲近的人,也理所当然要察觉到孩子的异常。"妈妈连连点头。

现代社会,生存的压力越来越大,很多父母不但要照顾家

庭和孩子，还要承担繁重的压力，为此在感到生存艰难的情况下，他们难免会觉得压力山大，也就无形中把这种压力转嫁到孩子身上。对此，他们却浑然不知，而始终认为孩子的天职就是学习，把学习学好。其实，孩子虽然小，却有自己的思想，也有自己的敏锐感受。因此很多时候，父母不要总是盯着孩子的学习不放，要知道孩子只有拥有健康的身体，才能在学习方面有更加出色的表现。

从现在开始，父母再想督促孩子努力认真地学习，就要先检查孩子的身体状况，了解孩子是否感到舒适。在确定孩子一切都很好的情况下，父母再督促孩子认真学习，这样才能起到更好的效果。此外，孩子身体舒适，心情愉悦，记忆力也会得到提升，学习起来也会有良好的效果。

孩子充满信心，才能增强记忆力

对于任何孩子而言，自信心都是人生的底气，也是人生的翅膀。如果孩子没有自信心，在做任何事情的时候都会畏畏缩缩，胆小怯懦，根本无法达到最佳的作用和效果。反之，在自信心的强大支撑作用下，孩子才会充满动力，也才会更加全力以赴开动马达，奔向前方。总而言之，孩子的记忆力水平和自信心是息息相关的，自信心越强，记忆力水平越高；自信心越

低，记忆力水平越低。要想增强孩子的记忆力，父母首先要从提升和增强孩子的自信心开始着手，这样才能让孩子变得更加勇敢无畏，坚定地战胜困难，证明自己的实力。

没有自信心，孩子不但无法促使记忆力发展，而且不管做什么事情都不可能有很大的进步和发展。如果孩子因为自卑和胆怯而止步不前，甚至畏缩退却，则事情的发展还会事与愿违，导致糟糕和严重的后果。当然，要想帮助孩子增强自信心，父母就要讲究方式方法，也要给予孩子适时的引导和帮助。例如，父母不要总是批评和否定孩子，尤其注意不要给孩子贴上负面标签。如果说批评和否定会暂时打击孩子的积极性，让孩子的自信心受到伤害，那么给孩子贴负面标签，则只会导致孩子破罐子破摔，自暴自弃，甚至再也不想努力改变命运。

尤其是对于自我认知能力还不够的孩子而言，他们最依赖和信任的人就是父母，为此他们常常会把父母的评价作为自我评价，由此可知父母的不公正评价对于孩子的打击有多么沉重。此外，作为父母，还要和孩子一起努力成长，在陪伴孩子的过程中，多多鼓励和支持孩子，哪怕孩子犯了错误或者失败了，父母也要作为孩子坚定不移的支持者出现，这样一来，孩子当然会从父母那里得到力量。

今天才刚刚学习的这篇课文篇幅很长，难度也很大，却要求通篇背诵。为此，放学之后，优优愁眉苦脸回到家里。妈

第02章 打造适宜环境，好气氛和安静的空间有利于孩子记忆

妈看到优优的样子还以为发生什么事情了呢，赶紧询问优优具体的情况，得知优优是因为要背诵课文才这么发愁，妈妈忍不住笑起来："没关系，儿子，你只要认真背诵，一遍不行就两遍，两遍不行就三遍……只要继续努力背诵，早晚有一天能背诵下来的。你还记得《愚公移山》的故事吗？愚公面对高山，说子子孙孙无穷尽也，正代表着他移山的决心和信念。"

优优说："老师可不能等着我子子孙孙无穷尽也啊，明天上课就抽查，后天就要每个同学单独背诵通关。"妈妈说："这篇课文也不是大山啊，背诵课文肯定比移山容易多了。你听我的，现在就去熟读，然后晚上睡觉前再背诵二十分钟，明天早晨起床之后继续背诵二十分钟，这样你明天就算背诵不下来，也可以背个差不多。明天晚上和后天早晨继续复习巩固，一定能够把课文熟练背诵下来的。"优优怀疑地看着妈妈："如果我完全按照你说的去做，你保证能背诵下来吗？"妈妈毫不迟疑点点头："当然，这可是妈妈对付背诵的独门秘籍，效果是非常好的，不过前提是你不管是读还是背诵，都要非常用心。"优优点点头，按部就班地按照妈妈所说的去做之后，次日清晨起床，优优觉得自己对于课文的背诵有了很大的进步，这个时候，妈妈继续鼓励优优："看看吧，这才是昨天晚上加了一次班呢，你只要按照我说的今天早晨、今天晚上和明天早晨继续加班，我保证你的课文是全班背诵最流畅的。"就这样，优优满怀信心继续复习和巩固对于课文的掌握，果然在

后天早晨把课文背诵下来。妈妈说:"去了学校,在早读课上继续大声朗读,你的表现会非常优秀。"后天终于到来了,优优顺利通关,赢得了老师的赞誉和好评。

在这个事例中,妈妈教会优优的记忆方法很普通且平常,而之所以能够取得最佳的效果,就是因为妈妈始终坚持激励和支持优优,让优优找到了自信心,因此才能在记忆上突飞猛进,获得良好的效果。反之,如果优优始终认为自己无法把这篇课文背诵下来,则优优的记忆效果就会很差。

每一个孩子不管做什么事情,都应该满怀信心,唯有如此,才能拥有自信的力量和魅力。遗憾的是,现实生活中,很多孩子从小就得到父母无微不至的关注和照顾,习惯了衣来伸手、饭来张口,也习惯了不管发生什么事情都第一时间向父母求助。长此以往,孩子就无法形成信心,反而会变得很胆小怯懦,很自卑,为此父母一定要激励孩子不断努力进取,帮助孩子增强自信,让孩子拥有自信的力量,也运用自信创造奇迹。

当然,赏识教育说起来很简单容易,真正想要做到却是很难的。有太多的父母对于孩子怀有迫切的、过高的期望,根本无法给予孩子时间和空间自由地成长,而总是督促孩子,看到孩子不能符合自己的预期,又会批评和嫌弃孩子。长此以往,孩子当然会觉得内心非常空虚,也会因此而对自己百般否定。父母要想激励孩子,帮助孩子形成自信,在日常生活中就要以正确的方式坚持与孩子沟通,这样才能了解孩子的所思所想,

第 02 章 打造适宜环境，好气氛和安静的空间有利于孩子记忆

也才能让孩子知道什么事情是正确的、值得坚持的，什么事情是错误的、需要放弃的。当孩子对于自己所做的事情始终满怀信心，他们各方面的力量都会被激发出来。

此外，要想让孩子真正具备信心，父母还要学会对孩子放手。很多父母已经习惯了对孩子进行全方位照顾，总是跟在孩子身后随时准备着为孩子冲锋陷阵。如果说孩子小时候的确需要依靠父母的照顾才能更好地生存，那么随着不断成长，孩子各个方面的能力得到增强，这个时候父母就要针对孩子的成长及时放手让孩子接受锻炼，这样孩子的能力才能得以增强。对于孩子而言，亲身的体验往往比父母的言传身教更加具有教育的作用和效果。很多父母都会发现，当他们好心好意告诉孩子哪种记忆方法的效果更好，而让孩子放弃使用糟糕的记忆方法时，孩子往往听若未闻，或者压根不愿意接受。其实在孩子身上，"不撞南墙不回头"的情况非常普遍，在保证孩子安全的情况下，父母不妨让孩子亲自去"撞南墙"，当他们亲自体验到自己的记忆方法真的不如爸爸妈妈倾囊传授的记忆方法更有效时，他们自然就会选择相信爸爸妈妈。

一切能力的提升和水平的提高，都需要经历很多次锻炼。父母要经常为孩子创造机会提升和锻炼记忆力，也要让孩子在反复练习的过程中增强自信心和能力，从而找到最佳的记忆方法。当孩子通过努力获得了小小的成功，他们一定会非常惊喜和兴奋，也会因此而受到激励，从而有更加强大的力量努力记

住更多的知识，获得更大的进步。在此过程中，孩子的记忆力一定会水涨船高，感受到记忆力提升带来的独特成就感，他们会更加热衷于这样的努力和进步。

父母的愤怒无法提升孩子的记忆力

每当看到孩子对于应该熟练且准确记忆的知识与内容总是无法记下来，作为期盼孩子成才的父母，有几个人能够保持平静和淡然的心态，依然面带微笑、态度平和、充满耐心地对待孩子呢？只怕能够保持这种理想状态的父母是凤毛麟角，而大多数父母在这样的危急时刻都会失去耐心，甚至转瞬之间化身恶魔，对孩子歇斯底里，恨不得把孩子吃掉才好。不得不说，父母的教育焦虑状态是导致孩子压力山大的最重要原因，也是孩子紧张、焦虑和恐惧等各种负面情绪的来源。要想改变这种状态，父母必须意识到一个残酷的现实，那就是父母即使为了督促孩子完成背诵和记忆的作业而气得进入医院，也无法有效通过发怒的方式提升孩子的记忆力。相反，当父母失去理性，被愤怒控制，孩子只会因为害怕而陷入焦虑之中，甚至因为极度的恐惧而更加发抖，在这种情况下，孩子还怎么可能记住那些复杂的内容呢？由此，明智的父母会得出一个结论，即要有效地提升孩子的记忆力，必须对孩子心平气和，而不要吓得孩子心惊胆战。

当然,如果爸爸妈妈们的脾气都很糟糕,就一定要先主宰自己的情绪,调整自身的情绪状态,这样才能以良好的心态从容面对孩子,从而有的放矢地提升孩子的专注力,帮助孩子增强记忆力。

这个夜晚注定又是不平静的夜晚,因为琪琪在日常的学习中表现还不错,回到家里也能积极主动地完成作业,而一旦有了需要背诵的内容,就会马上感到压力山大。这是因为琪琪很不擅长背诵,而且每次一到背诵的时候,就会磨磨蹭蹭,拖延着不愿意完成背诵的任务。对于琪琪的表现,爸爸妈妈都很无奈,要是可以的话,妈妈恨不得代替琪琪背诵。

这不,才吃完饭,妈妈盯着琪琪赶紧去熟读需要背诵的内容,琪琪却磨磨唧唧坐在电视前,说自己需要休息。眼看着妈妈的脸色越来越难看,爸爸借口要出去散步就想溜走,爸爸正在换鞋呢,妈妈黑着脸对爸爸说:"今晚不要散步了,你必须陪着你闺女背书。"就这样,爸爸被抓了壮丁。琪琪看到是爸爸陪着自己背书,不由得长呼一口气。爸爸看到琪琪的样子觉得很奇怪,问:"琪琪,你怎么这种表情?"琪琪说:"幸好是你,不是妈妈。每次妈妈都河东狮吼,弄得我更背不下来了,吓都吓忘记了。"听到琪琪的话,爸爸忍不住笑起来,说:"妈妈也是为你好,希望你能早点背下来。你快背诵吧,一会儿爸爸陪着你一起去向妈妈交差。"在爸爸的陪伴下,耳

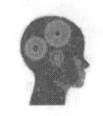

边又没有了妈妈的吼叫声,琪琪反而在背诵课文的时候有了很好的表现。从始至终,爸爸都没有批评琪琪,而是一直在鼓励和支持琪琪,给琪琪打气鼓劲。后来,琪琪顺利把课文背诵下来,到了妈妈面前却忘记了。爸爸私底下对妈妈说:"要不今天你就不要检查了,我已经检查过了。琪琪看到你就会害怕,你相信我她真的已经会背了。而且,你下次再陪着琪琪写作业,不要动不动就吼叫她训斥她,她现在见到你都有心理阴影了。"妈妈眼睛一瞪,爸爸也很紧张:"好吧。你要是觉得我说得对,你就听,你要是觉得我说得不对,你就不听。"妈妈听到爸爸的话忍不住笑起来,说:"我觉得你说得很对,我会虚心采纳你的意见,这下你满意了吧!"爸爸也忍不住笑起来,说:"遵命,长官!"

在爸爸的劝说下,妈妈也改变对待琪琪的方式,不再动辄吼叫琪琪,而是能够耐心对待和引导琪琪。就这样,琪琪在学习上的表现越来越好,最终再也不惧怕背诵课文。这个时候,妈妈才恍然大悟,原来琪琪在记忆力方面也许的确不是出类拔萃的,但是也并不像自己所想的那么糟糕。其实,只要妈妈能够心平气和对待琪琪,而且也给予琪琪更多的耐心和帮助,琪琪的记忆力就能水涨船高,也可以得到更好的发挥。

作为父母,要意识到孩子的成长和进步绝不是朝夕之间就能实现的,而是要给予孩子更多的帮助和照顾,给予孩子耐心和安抚,这样孩子才能保持愉悦的心情,减轻焦虑和紧张,从

第02章 打造适宜环境，好气氛和安静的空间有利于孩子记忆

而有效地提升自身的记忆力，在学习和成长方面都有更加大的成长与进步。当孩子心情放松了，很少看到父母发飙了，他们的记忆力就会水涨船高。

除了不能对孩子发火之后，父母还要注意的一点就是，作为父母，不要当着孩子的面吵架。孩子的心理很独特，大多数九岁之前的孩子对于在自己身边发生的事情责无旁贷，他们觉得一件事情只要是在他们身边发生的，就与他们之间有脱不了的干系。为此，他们会把很多事情都揽到自己的身上，即使父母在为和他们无关的事情吵架，他们也会非常焦虑，内心因此惶恐不安。因此，父母一定要避免当着孩子的面发火，更不要对于孩子有过高和过于苛刻的要求，而是要真正做到尊重孩子，平等对待孩子，也要给孩子营造良好的成长环境和氛围。

当然，父母控制情绪也是有技巧的，当遇到很多为难的事情时，不要马上歇斯底里地爆发，而是要选择先独处，然后再给予自己平复心情的机会。如果事情真的很艰难，或者无法面对，不妨鼓励自己勇敢坚强，也可以适时地幽默，从而让自己从失败和沮丧的情绪中摆脱出来。作为妈妈，也许需要在生气的时候换一种发型，换一种心情；作为爸爸，不妨选择独处片刻，给自己时间和空间做深呼吸，也努力地控制和驾驭情绪。俗话说，人生不如意十之八九，即使对于成年人而言，也不可能完全按照自己的所思所想去肆无忌惮地做很多事情。要知道生活的常态就是不如意，从而接受这些不如意，

始终以积极、平和的情绪对待孩子,也帮助孩子做好该做的事情,在愉悦的情绪中做到提升记忆力,在学习上也能够水涨船高,事半功倍。

孩子需要在安静的空间里才能全神贯注

不管是谁,如果置身于嘈杂的环境,都是很难发挥记忆力的强大力量,实现最好记忆效果的。记得有一档挑战类电视节目,在有参赛者进行记忆力挑战的时候,所有的嘉宾和观众都会屏气凝神,甚至连大气都不敢出。这就是为了给参赛者营造安静的环境,促进他们的记忆力发挥。否则,就算是一个记忆力再强大的人,在锣鼓喧天、人声鼎沸的环境中,也无法快速高效地记住很多东西。

现实生活中,很多父母都会抱怨孩子的记忆力不好,因而在学习上非常落后。其实,孩子的记忆力好还是不好,与天生因素只有一定的关系,而更大程度上取决于后天的发展,取决于记忆当时所处的环境和氛围。作为父母,要认识到孩子记忆力的强弱高低和很多因素有关,为此就不要总是抱怨孩子的记忆力不够强大,也不要总是对于干扰孩子记忆的因素视若无睹。父母唯有全力以赴为孩子营造安静的学习氛围,促进孩子记忆,孩子才能在记忆方面有出类拔萃的表现,也才能更加全神贯注投入记忆的状态之中,起到良好的记忆效果。

最近,老师发现马波的学习成绩一落千丈。按照以往对于马波的了解,老师相信马波虽然不是出类拔萃的好学生,但也不是很差的学生,成绩上出现这样的巨大下滑,到底是为什么呢?老师很担心马波,决定去马波家里进行家访。在进行家访之前,老师设想了很多种情况,甚至认为马波是否父母离婚,才会有这样的糟糕表现。然而,才刚刚走进马波家的院子,老师就看到马波爸爸正在和他人打麻将,而马波妈妈则给这些人端茶倒水。老师恍然大悟:原来马波爸爸是个麻将发烧友,难怪没心思管教马波学习呢!

看到老师来了,妈妈赶紧把老师迎到屋子里,老师这才发现客厅里也有两三桌麻将,而且不时地有人吆喝着马波妈妈端茶倒水。老师对于事情又有了更进一步的猜测:原来,马波爸妈是开棋牌室的。好不容易等到妈妈闲下来,老师赶紧和马波妈妈说:"马波妈妈,您家里总是有这么多人在大声喧哗着打麻将吗?"马波妈妈点点头说:"老师,不瞒您说,今年我和马波爸爸相继下岗了,这也是门营生,总比一点儿收入都没有强些。"老师又问:"那么,您知道马波最近学习下降了吗?"妈妈很惊讶:"我们可没有让马波干任何事情啊。他和以前一样,一回家就进自己的房间里写作业,不到局子散去吃晚饭的时候,他都不出屋。"老师说:"虽然马波有自己的房间,但是这么多人一直在抽烟,空气很差,而且还大声喧哗,

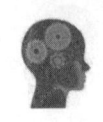

我觉得一扇门根本挡不住这些声音，孩子压根无法专心写作业啊！我建议您，如果有其他的工作可以做，还是把这个生意停掉吧，毕竟您这么辛苦地挣钱，也是希望孩子将来有出息，您说是不是？"对于老师的话，马波妈妈虽然一下子还不是特别明白，但是她知道老师都是为了孩子好。等到老师走了，当天晚上，妈妈就对爸爸说："老师说马波学习下降了，学习需要安静呢！要不，我看你还是去送快递吧，我可以出个小吃摊子，这样孩子至少还有个安静的地方学习。"爸爸陷入沉思，虽然他觉得家里开棋牌室是一个更容易挣钱的营生，人也不那么辛苦，但是既然影响到孩子学习了，就必须引起重视。就这样，没过几天，爸爸妈妈就关闭了棋牌室，各自找了工作去做。

在这个事例中，马波之所以学习成绩下降，纯粹是因为家庭氛围太过嘈杂。在嘈杂的环境中，孩子无法集中注意力去背诵很多知识，也无法静下心来进行思考，完成各种练习题。看起来马波和往常一样一放学就进入房间开始写作业、学习，但是实际上他压根没有心思认真复习，也无法做到更好。幸运的是，爸爸妈妈还是非常关注马波学习的，在得到老师的反馈和建议之后，他们当即就决定关掉棋牌室，哪怕自己辛苦一些，也要给孩子营造良好的学习环境。

对于孩子而言，只有形成良好的记忆习惯，才能让记忆力不断得以提升。而对于孩子而言，好的记忆习惯要想养成，必

第02章 打造适宜环境，好气氛和安静的空间有利于孩子记忆

须依赖于家庭的良好环境和氛围。很多人都看过香港演员陈小春在《鹿鼎记》中饰演的韦小宝。不得不说，陈小春把韦小宝演活了。因为韦小宝的妈妈是青楼女子，所以韦小宝从小在青楼中成长，见惯了三教九流的人，因而非常圆滑，做人亦正亦邪。由此可见，家庭环境对于成长中的孩子而言影响特别大，父母要想让孩子人品正直，就要为孩子树立积极的榜样；父母要想让孩子形成记忆的好习惯，就要为孩子营造安静的记忆氛围，从而让孩子渐渐地对于记忆越来越熟练。当然，孩子写作业和学习的场所一定要固定下来，而不要这一天让孩子在这里写，那一天又带着孩子打游击，让孩子去那里写。只有帮助孩子养成固定的记忆模式和行为习惯，孩子才会一旦坐到书桌面前就能够投入记忆很多知识和内容。

除了要为孩子营造外部的安静环境之外，父母还要为孩子营造内部的安静环境。任何时候，做任何事情，都要讲究专注和投入，否则三心二意地做事情，是不可能有好结果的。在成长阶段，孩子们常常面临各种困惑和干扰，必须在父母的帮助和配合下，孩子才能真正做到"入境"，也就是全身心投入到记忆的状态，使得记忆的效果事半功倍。当然，父母还要保持和睦的关系，哪怕有一些矛盾也不要当着孩子的面争吵。唯有家庭环境和谐愉悦，孩子才能感到身心宁静，也才能有更好的学习和记忆状态。

和谐愉悦的家庭氛围让孩子放松

父母是孩子的第一任老师,家庭是孩子生存的第一片净土。父母对于孩子的言传身教作用非常强大,良好的家庭环境甚至有利于孩子一生的成长,而糟糕的家庭环境则会让孩子感到压抑、痛苦、绝望,被各种负面情绪和消极思想包围,为此在学习的过程中根本无法静下心来,更不可能进行好的记忆。所以作为父母,有必要为孩子营造和谐愉悦的家庭氛围。正如一位名人所说,父亲对孩子最好的爱,就是爱孩子的妈妈。这恰恰告诉我们在父母相爱的家庭氛围中成长的孩子,是多么的幸福,内心也会非常强大。

尤其是在小时候,孩子对于父母的依赖性很强,也常常需要依靠父母的照顾和帮助、扶持,才能更好地成长。在最近热播的电视剧《都挺好》中,苏家兄弟姐妹与父母之间的关系,让很多观众都开始了热烈的讨论。作为受到家庭影响最深的明成和明玉,性格和人生完全走向了两个极端。明成从小得到了母亲的偏爱,为此成为了不折不扣的啃老族,而明玉呢,因为一直以来都被苏母嫌弃,为此觉得心灰意冷,对于家庭完全绝望,自己反而发愤图强,成功地改变了命运。这部电视剧之所以成为当之无愧的收视之王,就是因为剧情所反映的各种矛盾正来自现实的生活,也印证了现实生活的艰难和矛盾重重。

第02章 打造适宜环境，好气氛和安静的空间有利于孩子记忆

原生家庭对于一个人的影响之深远，是深深镌刻在生命中的，挥之不去，也不可能被磨灭。为此父母切勿觉得孩子小，就对很多事情都不以为然。实际上，孩子的感觉非常敏锐，而且孩子的内心有着各种各样的想法，完全超出父母的想象。作为父母，不管家庭是贫穷还是富有，都要为孩子营造民主和谐的家庭氛围，这样才有助于孩子健康快乐地成长，也才有助于孩子在学习上有出类拔萃的表现，在记忆方面有强大的能力和高超的水平。

自从学会说话，小茹简直成为"为什么"的代言人，只要张嘴和爸爸妈妈说话，就一定会问出一连串的为什么。有人说孩子小时候好奇心强烈，为此爸爸妈妈一直盼着小茹快快长大。然而，等到小茹长大了，爸爸妈妈发现小茹的为什么根本没有减少，反而愈演愈烈。为了解答小茹的问题，爸爸妈妈必须坚持学习，对于小茹提出的一切为什么都竭尽所能给出正确的回答。正是凭着勤奋好学的精神，小茹在学习方面的确进步很大，自从进入班级前五名之后，成绩始终很稳定。

这不，最近的这次语文考试中，小茹居然考取了98分的好成绩，要知道对于高年级的孩子而言，语文考试中作文占据很大的比分，为此能考到98分还是很厉害的。爸爸妈妈在看到小茹的成绩单之后，都对小茹表示恭喜，尤其是妈妈，次日早早起床为小茹煎牛排。小茹感动地对妈妈说："妈妈，你真好。你每天早晨都给我准备早餐，正是因为有了你的大力支持，我

才能在学习上这样努力进取，有好的表现。"妈妈听到这话，感慨地说："小茹，你可真是长大了。其实，妈妈为女儿准备早餐是应该的，你也要继续做好自己的分内之事，把学习成绩始终维持稳定，也可以争取更大的进步和提升，好不好？"小茹坚定不移地点点头，说："放心吧，妈妈，我一定不会让你失望的。"

如今，有很多父母和孩子之间的沟通都出现了问题，是因为父母们往往没有耐心倾听孩子的表达，而孩子们则渐渐地失去信心继续向父母倾诉。正是在这样的过程中，父母与孩子之间渐行渐远，因为他们的心与心之间有了隔阂。作为父母，要想教育好孩子，最重要的就在于与孩子融洽沟通、和谐相处，这样孩子才能真正对父母敞开心扉，也才能有更好的状态投入记忆。

父母的人格品行会在潜移默化中影响孩子，这是因为父母负责养育和教育孩子，与此同时，他们作为家庭的大家长，对于整个家庭氛围的营造起到主要的作用。如果父母之间相亲相爱，彼此谦让和宽容，对待孩子真诚友善，非常平等，那么整个家庭都会处于良好的环境之中，父母每天都能有好心情，孩子每天都能健康快乐。当然，说起来创造民主和谐的家庭氛围只是一句话，其实要想真正达到"民主和谐"这四个字，却是很难的。太多的父母都受到封建家长思想的影响，对于孩子总是居高临下，缺乏宽容的态度，甚至不允许孩子辩论和解释，

第02章 打造适宜环境，好气氛和安静的空间有利于孩子记忆

动辄就让孩子闭嘴。毫无疑问，在这样不对等的关系中，孩子不会有自尊，更不会形成自信，只会越来越胆怯自卑，甚至畏缩和逃避。

为了构建家庭的文化氛围，父母还要经常组织家庭活动，邀请全体家庭成员参加。在此过程中，不但可以与家庭成员之间形成共同的兴趣爱好，也因为彼此沟通和相互包容，所以会有共同的人生观、价值观、理想和信念。人与人之间是需要相处的，即便是父母与子女之间，也需要友好相处，才能加深对于彼此的了解，增进相互之间的感情。家庭氛围的建立，家庭关系的融洽，离不开所有家庭成员的努力，而父母则是整个家庭的带头人，也是孩子为人处世模仿的对象。由此可见，父母任重道远，一定要为孩子营造愉悦的家庭氛围，才能让孩子更加放松，内心轻松，从而心无旁骛投入记忆过程中，也成功地记住很多重要的知识和内容。

需要注意的是，这里所说的家庭和睦，并非指的是父母一味地纵容孩子，不管孩子做的是对还是错，都对孩子表示妥协，而是要求父母要对孩子宽猛并济。如果孩子做得很好，父母当然要支持和鼓励孩子，如果孩子犯了错误，父母也要以正确的方式为孩子指出错误，并且引导孩子积极地改正错误。唯有如此，孩子才会知道自己的行为边界在哪里，也才会在井然有序的生活中，更加管理好自己，与自己友好相处，也与父母友好相处。尤其需要注意的是，必须要为孩子营造良好的家庭

氛围，孩子才能在各个方面都表现良好，也才能在成长过程中，发展和提升记忆力，在学习方面有出类拔萃的表现。

第03章
培养专注力，全身心投入让孩子记得更快更牢

如果孩子没有专注力，就很难进入记忆的状态，更谈不上提升记忆的效果。为此，要想培养孩子的专注力，让孩子记忆得更快更牢固，就要培养孩子的专注力，从而卓有成效地提升孩子的记忆力。

专注力越强，记忆力越强

当一个人全身心沉浸在某一件事物中时，即使不那么努力去记忆，记忆的效果也会不错，因为在专注的过程中，人们很容易记住一些事情。这样的情况不但发生在成人身上，也同样适用于孩子。父母要想提升孩子的记忆力，就要努力培养孩子的专注力，唯有长期坚持去做，随着专注力的提升，孩子的记忆力才会水涨船高。

很多人误以为孩子的专注力是天生的，其实不然。天生的因素对于专注力只起到很小的一部分作用，更能影响专注力的是后天因素。大多数父母都知道专注力对于孩子成长的重要作用，但是却无法有效地保护孩子的专注力，更不能有的放矢引导孩子形成专注力。这是为什么呢？是因为太多的父母都希望孩子能够听话，也希望孩子只要听到父母发出指令就能马上执行。殊不知，孩子是一个活生生的人，而不是所谓的机器，他们有自己的思想，也会沉浸在正在做的事情中，无法马上就按照父母的指挥去做很多事情。在这种情况下，父母要更加尊重孩子，不要随意打断孩子，尤其是在孩子沉浸在某种事物中的时候，父母更是要在一旁耐心等待孩子，让孩子更加全身心投入事物之中。这样久而久之，孩子们的注意力才会更加集中，

也才会真正把自己的各种感官集中于某一种事物上。显而易见，这与记忆力发生作用具有异曲同工之妙。

对于孩子而言，专注力是他们学习的基础，也是他们记忆的前提条件。如果孩子对于所需要记忆的知识和内容丝毫无法投入，那么他们怎么可能发挥记忆的强大作用呢？由此可见，专注力是孩子进行学习的前提条件，也是让孩子能够适应环境的最根本要求。

敏敏是个很爱美的女孩，不但喜欢打扮自己，还很喜欢收拾房间。有一天，爸爸妈妈去超市里采购，看到置物架促销，想到敏敏的书桌上总是乱糟糟的，堆满了各种杂物，虽然敏敏很努力去收拾，但是却没有良好的效果。为此，他们决定给敏敏购买一个置物架。

回到家里，爸爸妈妈就把置物架摆放在敏敏的书桌旁边，还对敏敏书桌上的杂物进行了清理。敏敏回到家里看到书桌变得干净清爽，高兴地对爸爸妈妈说："爸爸妈妈，谢谢你们把书桌整理得这么干净。不过，我的《银河帝国》怎么不见了？"爸爸说："都在书架上，你要仔细找，才能找得到。这可是我和妈妈辛苦一下午的成果，你要珍惜，拿起东西用完了，必须放回原处。"敏敏又回到房间里去找，可是还没有找到。无奈，爸爸只好去帮助敏敏，指着书架上最下面一排的书对敏敏说："喏，就在那里。你瞪着个大眼睛，眼神一定要更灵光啊！"敏敏不好意思地笑了。

毫无疑问，敏敏在找书的时候，既不认真，也不专注，而是在书架面前转了一圈，就又回去询问爸爸妈妈。这样一来，就算书在敏敏的眼前，敏敏也会视若无睹。不得不说，对于敏敏而言，急需要提升专注力，学会集中注意力做该做的事情，才能有更好的表现。具体来说，父母要怎么做，才能培养和提升孩子的专注力呢？

首先，父母不要误以为专注力是天生的，而是要认识到专注力是一种应该从小培养的好习惯，必须及早注重对于孩子专注力的培养，孩子才能尽快形成专注力。很多父母都会发现，孩子对于新买回来的玩具，只玩了一两次就失去了兴趣；对于新买回来的书籍，只是随便翻看两页，就马上扔到一边。这固然与孩子专注力欠缺有关系，也与父母给孩子准备了太多的玩具和书籍有一定关系。要想让孩子养成专注玩玩具或者读书的好习惯，父母就要限制孩子书籍和玩具的数量，这样孩子才能更加专注于手里正在玩的玩具和正在看的书，从而在潜移默化中形成专注力。

其次，要为孩子营造良好的学习环境，尤其是在孩子完成作业的时候，更是要清除书桌上的各种杂物，从而让桌面保持干净清爽。唯有如此，孩子才能专心致志地学习，而避免被无关的物品吸引注意力。尤其需要注意的是，很多父母担心孩子放学之后会感到饿，为此往往会为孩子准备各种零食，结果导致孩子一边写作业一边吃零食，既没有把作业写好，还把零食

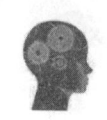

弄得到处都是。为了培养孩子的专注力，正确的做法是让孩子先专心致志地完成作业，再吃零食。或者孩子如果回到家里觉得饿，还可以给孩子一定的时间，让孩子先吃些东西，然后再写作业。总而言之，写作业和吃零食之间应该是顺序的关系，而不应该是同步进行的，否则不利于孩子形成专注力。在孩子完成作业的时候，父母除非遇到紧急的情况，最好不要打扰孩子。

最后一点，父母要避免给孩子布置额外的作业。很多孩子原本可以快速地、高质量地完成作业，如果父母在孩子完成学校的作业后，还给孩子布置更多的课外作业，则孩子就会养成拖延的坏习惯。既然写完作业不能得到休息，他们还有必要全神贯注地去写作业吗？日积月累，孩子形成拖延的坏习惯，导致注意力涣散，记忆力受到严重损伤。

做到这以上三点，父母对于孩子专注力的培养就会更有效果。然而，有一个重要的问题很多父母都不曾意识到，那就是父母的训斥和唠叨也会导致孩子专注力匮乏。很多父母都有爱唠叨的坏习惯，他们不管和孩子说什么问题，或者给孩子传达什么意见，总是喋喋不休，说了一遍又一遍，或者大声训斥孩子。这么做的后果是什么呢？孩子对于父母所说的话越来越不关心，总是左耳朵听右耳朵冒，而且还会对父母的大声训斥感到无所谓。这样一来，孩子如何还能形成专注力呢？父母在和孩子沟通的时候，要尊重孩子。俗话说，有理不在声高，父母如果大声说话只会导致孩子厌烦，小声说话，把话说得短而精，让孩子意识到父母只会说一遍，错过了就听不到内容，孩子反而会更加集中注意力倾听。尤其是在孩子犯错误的时候，父母不要不由分说就对孩子厉声训斥，而是要明确为孩子指出错误，也要告诉孩子什么才是正确的做法。这远远比把孩子训斥得一头雾水效果来得更好，也是非常有利于孩子成长和发展的。

专注力的培养是一个长期的过程，父母作为孩子的第一任老师，作为孩子最好的榜样，一定要对孩子言传身教，引导孩子的言行举止。在孩子专注于某一件事物的时候，哪怕孩子正在全神贯注地玩游戏，父母也不要随便打扰孩子，而是要让孩子学会沉浸在喜欢的事物中，渐渐地，孩子对于很多事情都会更加专注，记忆力自然会得到提升。

孩子投入地玩游戏也是一件好事情

很多父母都会感到困惑，因为他们发现孩子在学习的时候根本无法做到专心致志和全身心投入，但是玩游戏却格外投入，这是为什么呢？相比起无感的事情或者是厌倦的事情，那些能够吸引起孩子兴趣的事情，会对孩子产生更强大的吸引力，也会促使孩子更加专注和投入。因此，在培养孩子专注力的前期，父母不妨用孩子感兴趣的事情吸引孩子，这样孩子才能更加集中精神，投入其中。

大多数父母都不支持孩子玩游戏,甚至觉得孩子玩游戏就是玩物丧志。其实,孩子的天性就是喜欢玩,正是在玩耍的过程中,孩子才能学习和进步。当然,为了让游戏对于孩子的学习和成长起到更大的促进作用,父母还可以开发很多有趣益智的游戏,陪伴孩子一起玩耍,这样可以更好地引导和启发孩子,也可以让孩子从游戏中得到乐趣和亲子陪伴的满足与快乐。

在大多数游戏中,那些需要孩子开动脑筋和动手的游戏,往往会对孩子的成长起到更好的作用。例如,父母和孩子一起折叠纸飞机、做手工。所谓心灵才能手巧,正是告诉我们勤于动手会对孩子的成长起到健脑益智的作用,也有助于提升孩子的记忆力。为此,父母在和孩子一起玩游戏的过程中,要多多带着孩子动手,使得孩子获得更加快速的成长。

小豆才上小学一年级,老师就和爸爸妈妈反映,说小豆上课的时候无法集中注意力,经常会和同桌说话,有的时候还会擅自离开课桌。尤其是在完成课堂作业的时候,小豆更是抓耳挠腮,根本无法做到专注。对于小豆的表现,其实爸爸妈妈早就心里有数,因为小豆从小就是个爱动的孩子,甚至有的时候他们简直怀疑小豆是否有多动症倾向。后来,妈妈听说剖腹产生的孩子大多数都有感统失调的表现,为此更加坚信小豆就是有些感统失调。然而,现在小豆这么爱动,都已经影响到正常的学习了,因此爸爸妈妈不得不想办法解决问题。在咨询专家后,他们决定先采取游戏的方式帮助小豆坐下来。

第03章 培养专注力，全身心投入让孩子记得更快更牢

一个周末，爸爸妈妈和小豆一起玩捏橡皮泥。小豆一开始只玩了几分钟就不想玩了，坚持要玩植物大战僵尸的玩具。对于小豆的抗议，爸爸妈妈想起专家说要玩孩子感兴趣的游戏，为此表示妥协，答应和小豆一起玩植物大战僵尸玩具。果然，小豆玩起来兴致勃勃。玩了十几分钟之后，小豆又感到厌倦，想要去公园里玩耍。妈妈假装伤心对小豆说："小豆，你和妈妈是战友，你要是出去玩了，妈妈一个人无法战胜爸爸。难道你忍心看着妈妈输给爸爸吗？"在妈妈的求助下，小豆思考片刻，才决定留下来和妈妈一起对抗爸爸。不过，小豆是有条件的："妈妈，我现在留下来和你一起打爸爸，但是等到这局游戏玩过之后，你要带着我去公园里玩，好吗？"妈妈当即答应。就这样，小豆和爸爸妈妈又玩了半个多小时的时间，到结束的时候还意犹未尽呢！

在这个实例中，爸爸妈妈采纳专家的建议，和小豆一起玩小豆喜欢的植物大战僵尸玩具，引起小豆的兴趣，让小豆愿意投入游戏。期间，虽然小豆想要离开，但是妈妈马上机智地采取策略挽留小豆，这样一来，吸引小豆继续玩耍，让小豆的专注力保持了更长的时间。在培养孩子专注力的初期，父母一定要以孩子的兴趣为出发点，而不要总是生硬地控制孩子的行为，否则孩子一旦产生厌倦的心理，就很难继续保持专注，反而会起到事与愿违的效果。

其实，很多父母没有意识到需要帮助孩子形成专注力，一

且有了这样的意识,生活中有很多机会可以保持和培养孩子的专注力。例如,和孩子去公园里玩耍,当孩子专心致志观察蚂蚁搬家的时候,不要着急催促孩子,而是要给予孩子时间用心观察。又如,当孩子看到一朵美丽的花朵,观察蜜蜂采蜜的时候,不要不由分说拉着孩子走,而是要和孩子一起观察,在此过程中还可以引导孩子看得更加认真细致。

总而言之,只要是有助于培养和提升孩子专注力的事情,都是值得去做的。不管是什么事情,只要能够让孩子沉浸其中,父母就要保证孩子的专注力不被随意打断,更不要伤害孩子的努力和进取心。

给孩子具体明确、条理清晰的任务

很多父母都会觉得孩子很爱拖延或者非常懒惰,殊不知,只有少部分孩子不愿意做事情,而对于大多数孩子而言,他们是很乐意去尝试,且把不同的事情做好的。大多数孩子之所以对于父母的指令无动于衷,是因为他们听不懂父母的话,甚至不明白父母到底想让他们做些什么。为了改变孩子的状态,让孩子真正听懂父母的意思,父母在和孩子沟通的时候,对孩子所说的话要准确清晰,安排孩子做的事情也要井井有条。这样孩子才能在父母的授意下做好很多事情,渐渐地,他们习惯于圆满完成任务，也就可以形成专注力，从而在做各种事情的时候都能做到积极主动、全身心投入。

现实生活中，总有些孩子对于父母所说的话充耳不闻，也会对于外界的很多信息采取漠视的态度，这就是他们的专注力不够强导致的。这样的孩子不但无视他人的意见，而且还缺乏执行力，也常常会忘记那些需要记忆的信息。要想改变孩子的这些糟糕表现，父母就要有针对性地寻找适宜的办法提升孩子的专注力，帮助孩子养成专注的好习惯，也让孩子具备超强的记忆力和执行力。

自从得知塔克总是对自己的话充耳不闻是因为自己的指令含糊之后，爸爸就改变了和塔克沟通的方式，不再对塔克下达含糊其辞的指令，而是以简单明确、非常精练的语言和塔克沟通。

这个周末，爸爸妈妈准备带着塔克去游乐场玩耍。爸爸对塔克说："到了游乐场之后，你可以自己决定玩什么、不玩什么。不过，在玩的过程中，你要用心观察和感受，然后写一篇游记作文。"爸爸给塔克的权利和任务都很明确，即塔克可以自由地玩，但是玩过之后写一篇游记。这样带着目的去玩，塔克到了游乐场目标明确，在痛痛快快玩过一天之后，他回到家里下笔如有神，很快就完成了游记。看到塔克的游记条理清晰，有真情实感，而且语言也很生动，妈妈满意地对塔克竖起了大拇指。

让孩子带着任务去学习，去玩耍，这是帮助孩子提升专注力的好方式之一。很多父母没有提前把任务交代给孩子，而是等到孩子已经做完事情之后，再告诉孩子要根据此前的活动完成任务。这样一来，孩子在玩耍的过程中就无法带着目标和任务，也就不可能有目标地去感受和体验。尤其是对于那些平日里总是粗心大意的孩子，父母在给孩子们授意或者下达指令的时候，更是要准确清晰，也要有条有理。否则，总是考验孩子的被动注意，就会忽略孩子主动注意的发展，使得孩子越来越自由散漫。

所谓被动注意，指的是孩子在无意间发生的注意，显而易见，这样漫无目的的注意力是很弱的，根本无法对孩子的成长和发展起到积极的促进作用，也不利于孩子专注力的培养和提高。所谓主动注意，也就是说孩子带有一定的目的性，有意识地进行观察，从而注意到更多的事物，留意到更多的事情，为此有意注意对于提升孩子的专注力、培养孩子的记忆力都有很大的好处。

要想有效地提升孩子的专注力，父母在给孩子授意的时候，就要进行任务的筛选。有些父母非常贪心，恨不得让孩子一口吃成个胖子，总是给孩子安排很多的任务。殊不知，孩子的时间和精力都是有限的，如果不能让孩子把时间和精力用在重要的事情上，孩子就会注意力涣散，也会导致遭遇很多的困难和障碍。

当然，对于年纪小一些的孩子来说，注意力的保持不是一件容易的事情。这个时候，父母更是要利用目标吸引孩子的注意力，从而使得孩子达到父母的要求。此外还需要注意的是，孩子在完成任务的过程中感到疲惫，为此想要终止任务时，父母不要急于批评和否定孩子，而是要想方设法鼓励和支持孩子，让孩子继续坚持下去。孩子的注意力保持的时间原本就很有限，父母要做的是循序渐进延长孩子注意力保持的时间，而不要强硬要求孩子始终都要凝神专注。当孩子沉浸在某件事物之中，感受到做某件事情带来的愉快和满足感，父母切勿打扰孩子，而是要给孩子更多的时间和空间，去亲身体验专注力之美。总而言之，孩子的成长是循序渐进的过程，不可能在短时间内就拔到很高的高度。尤其是孩子正处于身心发展的关键时期，父母更是要以孩子自身的条件作为基本点，对孩子因材施教，这样才真正有利于孩子的成长和发展。

限定时间，让孩子更加全力以赴

面对一项需要完成的工作，如果领导从未规定你必须在什么时间之内完成，那么即使作为自觉性很强的成人，你真的能够在最短的时间内就高效地完成工作吗？除非你真的能以工作作为乐趣，否则你很难做到这一点。那么，孩子们呢？有几

个孩子能够真正做到以学习作为乐趣呢？甚至有一些被称为学霸的孩子，也并不那么喜欢学习，而只是因为他们自律力比较强，或者意识到了学习的重要作用而已。成人的自控力也不是绝对的，更何况是孩子呢？为此作为父母，要想让孩子全力以赴完成学习和记忆任务，就一定要采取一定的措施，对孩子起到管理、约束和鞭策作用。

有些父母选择给孩子物质的奖励；有些父母更加直接，会给孩子金钱奖励；有的父母则会给孩子口头上的奖励。然而，这些都属于外部的奖励，对于孩子的激励作用并不能保持长久，反而有可能会使用一定次数后失去效力。其实，父母要弄清楚一点，那就是孩子学习并非为了父母，为此不要总是以外部驱动力驱使孩子学习，而是要激发孩子的内部驱动力，这样孩子努力的劲头才会更加持久。与其使用各种奖励的方式鼓励孩子，不如在给孩子安排任务的时候，给孩子限定完成任务的时间。这样一来，孩子就会产生紧迫感，在完成任务的时间内，才能全力以赴努力做好，从而保证在规定时间内圆满完成任务。这么做，既对孩子起到约束的作用，也可以提升任务的难度，从而促使孩子做得更好。正是在此过程中，孩子各方面的能力才能得到不断增强。

最近这段时间，妈妈发现小雪完成作业的时间越来越延迟。妈妈没有质问小雪，而是先问过老师们，在确定老师们作业量没有增大之后，妈妈开始观察小雪。这才发现小雪每天写作业的时候都磨磨蹭蹭，不是拿起书桌上的铅笔玩一会儿，就是拿起旁边的课外书看几眼，不是要上厕所，就是要吃东西。总之，小雪放学后回到家里的一两个小时时间里，始终都在磨蹭，连一门课程的作业都没有完成。吃完晚饭之后，时间都已经七点钟了，小雪这才开始抓紧完成作业。但是，三心二意的坏习惯一旦形成，小雪哪里还能马上做到专心致志呢？虽然她看上去很想快速完成作业，但是却还是心神涣散，写作业的速度和质量都大大降低。

看到小雪的表现，妈妈非常生气，当即训斥小雪是个磨蹭鬼。小雪对此不以为然，还觉得妈妈是大惊小怪呢！后来，妈妈灵机一动想出了一个好办法，对小雪说："小雪，从今天开始，我们执行一个新规定，即完成作业的时间不能超过六点半。否则，你就要放下作业，等到次日上学早晨再补写作业。当然，你如果因此而被老师批评、训斥，妈妈是不负责任的，因为从三点放学，三点半回到家里，到六点半，你有足足三小时的时间完成作业，完全可以完成。"小雪疑惑地看着妈妈："六点不是要吃晚饭吗？"妈妈说："为了适应你的时间安排，从现在开始，我们改成六点半吃晚饭。不管你的作业是否完成，六点半都要准时坐在餐桌前，而且吃晚饭后不允许再写学校里的作业，休息片刻，要写半小时的课外作业，再进行半小时的课外阅读。在九点洗漱睡觉之前，另外的一小时你可以自由安排。这很合理。"看到妈妈说得斩钉截铁，小雪当然会想起自己

之前的耍滑头行为。为此，她什么都没有说。

限定时间之后，小雪写作业的效率大大提升。从之前每次完成作业都要四五个小时的时间，到现在她居然才两个多小时就完成了所有的作业。对于小雪的表现，妈妈很后悔自己没有早些出台限定时间的政策，才让小雪此前那么拖延。然而，当父母正是随着孩子的成长不断学习、与时俱进的过程，只要能伴随着孩子一起成长，能够陪伴在孩子身边的，就是合格且优秀的父母。

现实生活中，很多父母都对孩子的拖延症感到头疼，也往往对孩子的磨蹭束手无策。实际上，孩子之所以拖延有很多种原因，作为父母一定要深入了解孩子的内心，找出孩子拖延的真正原因，才能有的放矢地解决问题。如果孩子拖延就是因为没有时间观念，或者在写作业的过程中无法集中精神，全力以赴，那么父母就要给孩子限定时间，这样才能激励孩子更加专注地投入眼下的任务之中。

前段时间，番茄闹钟非常火。父母还可以给孩子准备一个番茄闹钟或者是沙漏，这样一来，孩子就可以感受到时间的流逝，也知道时间正在一分一秒地过去，一去不返。由此一来，孩子当然会产生紧迫感，也会抓紧时间，最终提升做事情的效率。当然，很多年纪小的孩子内心的节奏本身就比成人慢，而且在形成时间观念之前，他们对于时间的流逝无知无觉，也丝毫没有认识到时间是珍贵的、值得珍惜的。为此，作为父母首先要让孩子形成时间观念，养成珍惜时间的意识，这样才能培养孩子不拖延的好习惯。时间从来不等人，当孩子能够在规定时间内完成任务，他们不但会获得巨大的成就感，而且由此养成的好习惯会使他们一生受益无穷。

提问可以有效汇聚孩子的专注力

有些孩子的专注力就像是放大镜之下聚焦的阳光一样，可以集中在一个点，产生聚焦的能量。而有些孩子的专注力就像是一把撑开的伞的龙骨，伸向四面八方。很多人都喜欢看战争片，那么都知道要想攻占敌军的高地，就需要集中火力，才有可能压制敌人。相反，哪怕是实力再强的军队，如果在战场上把战斗力和火力分散开来，如同天女散花一样，则很难产生强大的力量。孩子的专注力就是孩子的战斗力，要想让孩子具有更加强大的战斗力，父母就要引导孩子学会集中注意力，把所有的力量都用在一个点上，这样才能产生良好的效果，也才能真正做出成就。

作为父母，怎样才能培养孩子的专注力呢？做孩子感兴趣的事情是个不错的选择，但是父母不能保证正在做的每一件事情都是孩子很感兴趣的，在这种情况下，就要以提问的方式吸引孩子的注意力，让孩子在思考的过程中变得更加专注。有

些父母会发现，当孩子阅读一篇课文的时候，如果孩子能够带着问题进行阅读，则阅读的效果往往更好。因为在问题的启迪下，孩子会更加认真和专注，也会进行深入的思考。反之，如果孩子阅读的时候只是漫不经心往下看，根本没有对内容进行深入思考，那么哪怕把书中的内容已经读完了，也往往没有收获。由此可见，是否被提问，对于孩子专注力的影响还是很大的，父母只要把问题提问得恰到好处，就可以让孩子更加集中注意力，从而提升专注力的水平和对知识点的记忆水平。

作为一名中文老师，马老师很清楚记忆力对孩子学习和成长的重要性，为此在自家女儿小鱼儿很小的时候，马老师就开始有意识地提升小鱼儿的记忆力。小鱼儿果然没有辜负妈妈的期望，在同龄人中，记忆力始终出类拔萃。即便如此，在升入初中之后，小鱼儿还是感受到学习任务变得繁重，学习压力越来越大，尤其是面对大量需要记忆的内容，她纵然记忆力不弱，也显得有些力不从心。

周末，小鱼儿早早起床开始背诵古文。看到小鱼儿一直在阳台上背诵，马老师问："小鱼儿，你在背诵什么呢？"小鱼儿和妈妈撒娇："妈妈，古文太难了，我都背了一个早上了，还没有眉目。这可怎么办啊！"妈妈问："你是如何记忆的呢？"小鱼儿说："和以前一样。我就先通篇读，然后通篇记忆，但是总是丢三落四的。"妈妈提醒小鱼儿："现在你已经是初中生了，需要背诵的内容很多，所以不要总是通篇背，因为一篇课文很长。其实，你可以以问题作为提纲来背诵，这样就不容易断片了。例如，第一段是讲述什么问题的、第二段是讲述什么问题的……如果你能把每一段的重要问题都记忆下来，再在问题的提示下进行背诵，就像回答问题一样，就会容易很多。"小鱼儿马上按照妈妈所传授的技巧去背诵，果然，她背诵的效率提高了。

面对长篇的课文，只靠着死记硬背显然无法实现很好的记忆效果，为此这种情况下就需要通过提问的方式来对课文内容进行划分。这就如同跑马拉松，如果选手始终牢记目标在遥远的地方，那么在奔跑的过程中难免会觉得心力交瘁，也认为赛程遥遥无期。反之，如果选手能够把马拉松全程进行划分，则在奔跑的过程中，就可以始终向着近处的目标跑去，内心当然会觉得轻松，也会在一次又一次到达目标的过程中获得成就感，因而受到鼓舞和激励，更加士气高昂，充满希望和动力。

以问题的方式背诵和记忆，父母无须对孩子的背诵情况进行通篇检查，而是可以以提问的方式对孩子的背诵内容进行抽查。当孩子无法回答上来父母的提问，即使父母什么也不说，孩子也会认识到自己的不足，从而更加努力。当然，如果孩子流畅地背诵出内容，父母一定要多多认可和赞赏孩子，使得孩子认识到他的点滴进步都被父母看在眼睛里，也都会得到父母的肯定。为此，孩子会更加充满动力，在人生的道路上勇往直前，努力前行。

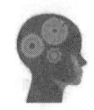

父母采取提问的方式汇聚孩子的专注力，是要讲究方式方法和技巧的。当孩子无法顺利回答出问题时，可以给孩子限定时间进行再次记忆，父母则可以等到合适的时机里再次对孩子提问。孩子是人，而不是神仙，而且每个孩子的记忆力存在差异。如果孩子不能一次性把所有内容记忆下来，为了激励和鼓舞孩子，父母可以先提问孩子已经掌握的问题，这样一来孩子会感受到成功的喜悦和成就感，也会更加全力以赴背诵其他的内容。教育孩子是很微妙的一项伟大事业，也是每个父母需要终生从事的事业。作为父母，一定要对孩子有耐心，也要相信孩子其实可以做得很好。父母的信任是孩子力量的源泉，如果连父母都总是怀疑和否定孩子，孩子还如何能够在成长过程中有更好的表现呢？从现在开始，请做一个会提问的父母吧，相信孩子一定会表现得更加优秀，记忆力也会变得越来越强大！

第04章
建立良好用脑习惯,让孩子轻松开启记忆之门

有人说,好习惯成就人生,坏习惯毁掉一生。的确,习惯对于每个人的影响都是很大的,孩子们要想打开记忆的大门,拥有超强的记忆力,就要建立良好的用脑习惯,这样才能形成良好的用脑模式,也才有助于记忆的提升。

第04章　建立良好用脑习惯，让孩子轻松开启记忆之门

记忆目标明确，记忆才能有的放矢

如果你想打靶子，但是没有靶子可打，那么你要把子弹射击到哪里，才能算作是真正的成功呢？如果你想记忆住一些内容，却没有明确的标准为自己界定记忆的边界，也不知道自己到底要达到怎样的记忆程度才算真正记下来，则你在发力记忆的时候，就会有一拳打在棉花上的感觉，甚至连回弹的力量都没有，这当然会让你感到窝火。每个人做每一件事情，都要有明确的记忆目标，这样记忆才能起到最好的作用和效果。否则，如果在记忆的过程中总是迷失，也不知道自己到底要怎么做，就一定会非常迷惘，甚至对于学习也失去目标和方向。

众所周知，当船只在漫无边际的大海上航行时，一定要在灯塔的指引下才能回家；飞机在辽阔的天空中飞翔，一定要接受地面塔台的指令，才能保证飞行安全。目标是指引人们行动的灯塔，孩子在记忆的过程中，要始终牢记记忆目标，才能掌握正确的方向，坚持努力。一旦发现自己实现了小小的目标，或者朝着远大的目标一步步靠近，孩子就会具有更加强大的积极性和热情，也会更加动力满满地朝着目标前进。为此，父母要为孩子制定记忆的目标，这样才能让记忆有针对、有目标，事半功倍。

作为家里的三代独苗，小北是全家人的希望，也是全家人的命根子。爸爸妈妈花大力气培养小北，希望小北将来能够有出息、出人头地。小时候，爸爸妈妈就送小北学习各种兴趣爱好，等到小北进入一年级，正式成为一名小学生，他们又开始研究如何把小北培养成神童。而神童的标准配置之一，就是拥有过目不忘的本领，所以妈妈认为首要的紧急任务就是提升小北的记忆能力，让小北记忆力超群。

也许是因为望子成龙心切吧，在听说制定记忆目标可以有效地提升孩子的记忆力之后，爸爸妈妈当即就给小北制定了很高的目标，例如，让小北每天都要坚持背诵两首古诗，或者背诵一篇对于小北而言很长的文章。当然，这些都是要限定时间的，即半小时。尤其是在学习英语时，妈妈更是要求小北要在三十分钟的时间内背诵整个单元的单词和短文。毫无疑问，在这样的强压之下，小北的记忆力非但没有得到提升，反而从此落下一个一看到书本就头疼的毛病，爸爸妈妈也不知道小北这是怎么了，只好带着小北去看心理医生。详细询问完小北的情况之后，医生以开玩笑的口吻半真半假地对爸爸妈妈说："我看啊，需要看心理医生的不是孩子，而是你们。孩子才多大啊，也就上二年级，你们就给他这么大的压力去背诵各种课外的内容。实际上，现在孩子们完成学校里的学习任务就需要耗费大量的时间和精力，你们就算要给孩子吃小灶，也要适当。要知道，孩子的小肚子容量有限，不可能无限度地容纳更多的东西。"医生的一番话说得爸爸妈妈面面相觑，他们有些尴尬地看着医生。医生说："孩子是因为压力太大导致神经衰弱，你们还是先培养孩子对于学习的兴趣，否则再这样下去，只怕孩子连学都不愿意上了呢！"爸爸妈妈这才恍然大悟。接下来的时间里，他们让小北自由地学习，按照学校的进度走，结果小北的记忆力反而有所提升，把老师要求掌握的知识和内容都记忆得很牢固。

在为孩子设定目标的时候，父母尽管对于孩子抱有很高的期望，也要始终牢记胖子不是一口吃成的，罗马不是一天建成的。每个孩子都有自身的成长和发展规律，而且与其他孩子并不相同，为此父母既不要为了督促孩子进步而过高要求孩子，也不要为了让孩子赶超别人家的孩子而过高要求孩子。唯有给孩子更多的成长空间，让孩子顺从天性和自身成长的节奏去发展，孩子才能拥有充满爱与自由的环境，也才能真正地感受到成长的快乐。

东西吃多了要吐出来，压力太大了孩子就无法承受，反而会被压垮。父母在苛刻要求孩子之前，先要想一想自己是否真的做到了完美，否则如果父母本身就不完美，又有什么理由苛求孩子一定要完美呢？凡事皆有度，过度犹不及，过高的要求让孩子逃避畏缩和自暴自弃，而如果要求太低，则又会使孩子失去前进和努力的动力。父母唯有给孩子设定适宜的目标，才能既不会给孩子太大压力，又起到一定的激励作用，促使孩子不断地努力上进。不管孩子是失败了还是获得成功,父母都要坚持鼓励孩子。很多孩子缺乏自我认知的能力,常常会把父母的评价作为自我评价。为此,父母任何时候都要把孩子的点滴进步看在眼里,也要坚持给予孩子更多的鼓励,让孩子从父母的认可和鼓励中获得强大的力量。

还需要注意的是,在为孩子确定记忆目标的时候,既要制定远期目标,也要把远期目标进行合理划分,变成中短期目标。远期目标可以为孩子指明方向,让孩子看到努力之后有可能实现的美好愿景;中短期目标则可以激励孩子始终坚持奋进,不遗余力,也能够在目标的指引下,每天都坚持记忆,坚持进步。否则,目标即使再远大,如果一经制定,就抛之脑后,根本不可能起到良好的作用和效果,更无法对孩子起到激励的作用。总而言之,目标是行动的指南,成人尚且需要目标作为指引进行奋斗,更何况是孩子呢。父母在针对孩子进行记忆力训练和提升的时候,一定要先为孩子制定目标,这样孩子才能带着目标进行学习、阅读等活动,也才可以在进行记忆力训练和提升的过程中有的放矢,事半功倍。

理解深入,记忆更顺畅

年纪相对较小的孩子更喜欢通过机械记忆来记住很多的知

识和内容，这就是为何很多孩子才几岁，就能背诵下来很多首古诗的原因。随着年纪的不断增长，孩子们的机械记忆能力渐渐减弱，开始转为以理解记忆为主。在这种情况下，父母不要再按照此前的方法要求孩子记忆不理解的内容和知识，而是要把侧重点放在引导孩子理解上面。孩子只有深入理解所需要背诵的内容，才能进行深入记忆，也才能让记忆力过程更加顺畅。

所谓的死记硬背并不能真正记下来很多重要的内容，随着学习过程的不断推进，孩子们需要记忆的知识点会越来越多。不得不说，死记硬背是一种效率很低的学习和记忆方法，而理解记忆则是效率很高的学习和记忆方法，更加符合孩子在更进一步的学习中需要达成的学习目标和实现的学习效果。而且，相比起死记硬背的短时记忆效果，理解记忆的记忆效果更加长期有效。为此，作为父母要循序渐进地引导孩子改变记忆习惯，在理解的基础上进行记忆，从而一步一步地形成良好的记忆习惯，也让记忆的效果更加显著和持久。

这次月考结束，思思没有像往常一样兴高采烈地回家，而是蔫头耷脑、垂头丧气。只是看着思思的样子，妈妈就知道思思考试一定表现不好。果然，思思明明已经把一首古诗背诵得滚瓜烂熟，但是在考试时还是出了岔子，怎么也想不起来其中的一句。看着思思沮丧的样子，妈妈不知道怎么安慰思思。只好问思思："思思，你是哪首诗不会背诵了？"思思说："就是《静夜思》。考完试的时候，我翻看书本，现在会

背了。"妈妈邀请思思:"那么,你可以背诵给我听吗?"思思点点头,开始背诵:"床前明月光……举头望明月,低头思故乡。"刚才还信心满满的思思一下子就如同被霜打了一样,看着思思的沮丧和失落,妈妈问思思:"又忘记了吗?"思思说:"是的。"妈妈问:"思思,你知道这首诗的意思吗?"思思说:"就是思念家乡的。"妈妈说:"那么,请你一句一句解释给我听,好吗?"思思不能详细解释给妈妈听,依然嗫嚅着说:"就是思念家乡的。"妈妈对思思说:"思思,古诗就是古人写的文章。在古代,人的表达方式和现代原本就不相同,如果你不了解一首诗的意思,而非要背诵这首诗,那么一定会忘记。床前明月光,疑是地上霜,举头望明月,低头思故乡——意思就是说,月光透过窗户照在床前的地面上,使人怀疑地上是否下了白霜,所以才会这么白花花的。举起头看着挂在天空中圆圆的月亮,那么明亮,不由得想起了自己的家乡,忍不住低头陷入沉思之中。这样想来,这就是一个看到月亮思念家乡的小故事,你还记不住吗?"思思在妈妈的解释下很兴奋,说:"妈妈,你这么一解释,我有信心背熟了。看来我以后学习古诗,不但要死记硬背古诗,也要理解古诗的意思,这样才能记得更加牢固。"妈妈点点头。

在这个故事中,思思一开始只是对于《静夜思》死记硬背。虽然看起来已经把古诗背诵下来了,但是实际上没有牢固掌握。为了让思思更好地背诵古诗,妈妈把古诗的意思讲解给思思听，思思了解了诗人在创造古诗时的所思所想，自然可以更好地串联故事的线索，对古诗进行理解记忆。

孩子们不管在记忆什么知识的时候，都要更加深入了解知识的内容和含义，这样才能借助于理解来加强记忆。否则总是依靠着机械记忆死记硬背，只会导致背诵很不熟练，也会导致记忆维持很短的时间。

具体而言，父母如何做才能引导孩子进行积极地理解和深入的记忆呢？首先，父母要引导孩子进行积极地思考，要透过各种知识的表面透彻了解知识深层次的含义，也要通过理解来对知识进行记忆，进行钻研。其次，要避开一个误区，即不要觉得在理解知识的基础上，知识就会自动镌刻在我们的脑海中。不管什么时候，也不管要记忆什么知识，哪怕我们已经理解了知识的主要内容和含义，也依然需要进行重复记忆，对抗遗忘曲线，才能记忆得更加深刻和透彻。有些孩子误解了理解的作用，以为理解可以取代记忆的过程，为此在进行理解之后，就把重复记忆的过程省略了。这对于学习是根本没有任何好处的，也不可能获得显著的记忆效果。从本质上而言，理解是为了增强记忆的效果，如果只有理解，而没有记忆过程，则记忆就无法进行下去。此外，父母还可以经常带着孩子做一些有助于提升理解力的小游戏，这样一来，也就相当于间接提升了孩子的理解力。

把知识分门别类，让记忆水到渠成

面对非常杂乱的知识，犹如一团乱麻般千头万绪，孩子们根本不可能马上记住这些无序且混乱的知识，也根本不可能让记忆水到渠成，起到良好的记忆效果。明智的做法是，首先引导孩子们对知识进行整理，将知识分门别类，这样一来，原本混乱的知识就会变得秩序井然，在记忆的时候，自然难度大大降低，也化零为整，让记忆起到更好的作用和效果。

分门别类的记忆方法不但有助于孩子们记忆，而且还能够让孩子们对所学习和掌握的知识进行梳理，在此过程中孩子将会对于知识记忆得更加深刻，掌握得更加牢固，因而起到很好的记忆效果。当然，对知识进行分门别类并非孩子天生就具备的能力，而是需要不断练习才能得以提升的。如果父母总是代替孩子收拾和整理房间，孩子们永远也不会整理房间，还会误以为房间自动就会变得干净整洁呢！要想提高孩子整理房间的能力，父母就要给孩子机会收拾和整理房间。对知识分门别类，也是这个道理。明智的父母不会总是帮助孩子去归纳和总结知识，而是会引导孩子学会整理知识，接下来再对这些知识进行深入的梳理和回忆。这样一来，孩子们整理知识的能力才会逐渐形成，也日渐提升。此外还需要注意的是，如果孩子有自己整理知识的思路，而且的确是有一定道理的，父母就不要强迫孩子一定要按照父母教授的去做。在孩子整理知识的过程中，父母还可以向孩子们灌输思维导图的概念，也可以循序渐进引导孩子们制作完成思维导图。这样一来，孩子们的能力才会增强，也才能够更加有效地进行记忆。

眼看着就要面临小学毕业考试了，薇薇很发愁，因为她的记忆力原本就不够强，如今又有大量的知识需要复习和记忆。每到周末，薇薇总是很早就起床开始背诵各种内容，但是效果很不好，所以薇薇总是担心考试，因而始终愁眉不展。

一个周末，薇薇因为没有按照原定计划把知识和内容背诵下来，连吃饭的兴致都没有。看到薇薇的样子，妈妈很担心地询问："薇薇，需要背诵的内容很多吗？"薇薇指了指眼前的七八本书，说："都是。"妈妈建议："薇薇，妈妈有个笨方法，用得好就是捷径，你愿意试一试吗？"听说有捷径可走，薇薇当即很激动。妈妈说："俗话说，好记性不如烂笔头。我的方法就是用笔把每本书上需要记忆的内容都抄写下来，在抄写的过程中，对于这些知识进行分门别类的整理。这么做有三个好处，首先，抄写一遍的记忆效果至少超过朗读三遍；其次，抄写的过程中可以对知识进行分门别类的整理，因此记忆起来更加容易；最后，抄写的过程中，可以把这七八本书进行精简和浓缩，这样一来，也许最终需要背诵的内容只有一本书那么厚，到了复习的最后关头，其他同学都需要带着厚厚的书才能复习，你却一本在手随时随地都能复习，而且看到的都是精华。你觉得这个方法怎么样？"薇薇被妈妈说得热血沸腾，忍不住当即表示赞同："妈妈，仅仅听你这么说，我就觉得是个好方法。虽然前期抄的过程会很慢，但是后期却会很爽。所以，我愿意尝试。"就这样，薇薇按照妈妈说的去做，果然在最短的时间内实现了最强的复习效果，把很多该记住的知识都记住了。

所谓归类记忆，就是把原本凌乱地堆积在大脑中的知识进行整理，从而让知识更加整齐，也更加浓缩。正如著名小品演员潘长江所说的，浓缩就是精华。当然，要想让孩子们养成给知识分门别类的好习惯并不简单容易。在这个过程中需要父母多多引导孩子，耐心指导孩子，也要让孩子真正意识到把知识归类的好处。这样一来，不但杜绝了大脑中知识杂乱无章的现象，也可以让知识的记忆更加简洁高效。

当然，如果孩子所掌握的知识是非常少量的，父母不需要让孩子归类，只有当知识比较大量且繁杂的时候，父母再要求孩子对知识进行归类。归类之后，还可以针对各个类别下的知识进行各个击破，从而起到最佳的记忆效果。在对知识进行归类的时候，未必只有固定的标准可以参考，而是可以以不同的分类标准去进行，其中尤其以孩子最愿意接受的分类标准优先。

在孩子还没有形成对知识分门别类的能力之前，父母还可以和孩子进行一些培养和提升分类能力的训练。在小学阶段，常常有归类练习，借助于这样的方式帮助孩子们形成归类的思维能力。生活中，处处留心皆学问，不管采取哪种教育方法，只要是有助于孩子们提升和进步的方法，就是好方法。父母要因材施教，针对孩子自身的很多特点，有的放矢地引导和提升孩子的能力，切实培养孩子良好的记忆习惯。

重复记忆才能起到巩固的作用

一个人即使记性再好，或许能够在当时过目不忘，也不可能对于一段时间内记住的东西始终都牢记在心。艾宾浩斯提出的遗忘曲线告诉我们，遗忘是有规律的，先快后慢，先多后少。由此可见，在学习新知识之后，孩子们必须及时进行复习，重复记忆，才能巩固需要记忆的知识和内容，也才能在持续重复的过程中，让自己的学习更加牢固扎实。反之，如果孩子们在学习之后就把知识抛之脑后，在很长时间里都不再进行复习，哪怕有再好的脑子和再强大的记忆力，也会导致知识遗忘得所剩无几。所以，及时复习很重要。

对于需要记忆的知识和内容来说，复习最重要的方式就是反复记忆。先把需要记忆的内容进行连续重复记忆，在有了相对扎实的掌握之后，再进行间歇性重复记忆，即过一段时间就复习一次，从而最终实现永久记忆。这样的方式听起来很烦琐复杂，换作大白话来说，就是要不间断地记忆才能起到最好的记忆效果，才有可能真正把知识镌刻在脑海中，永远也不遗

忘。当然，孩子不知道什么是艾宾浩斯遗忘曲线，也有可能根本不理解遗忘的规律。在这种情况下，父母就要引导孩子坚持进行重复记忆，也帮助孩子把握好记忆的节奏，从而对抗遗忘。当孩子意识到父母所教授他的方法的确是非常管用的，他就会信任父母所说的话，也会相信父母的办法。

举个形象的例子，刚刚学习的新知识在人的记忆中扎根很浅，就像是一根刚刚栽种的小树苗，根本不能把根扎深，哪怕是一阵风都能把树苗吹歪。这种情况下，就要给树苗培土浇水，让树苗扎根更深。那么，对于新知识，就是要进行重复记忆，这样才能加深对于知识的印象和记忆，让知识在我们的脑海中更加深刻。随着时间的推移，知识真正扎根，就不容易再受到遗忘的影响。

大雨升入二年级了，开始学习简单的课文，为此记忆成为第一大难关。有的时候，面对老师交代的需要背诵的课文，大雨发愁得呜呜直哭。爸爸建议大雨先不要着急背诵，读得多了，自然能背诵下来。但是大雨不愿意按照爸爸所说的去做，而是自有主张："老师说下个星期才会检查背诵情况，我要等到周末再背诵，否则等到下个星期就忘记了。"爸爸未免啼笑皆非，虽然给大雨讲述了遗忘曲线的规律，但是大雨并不理解。爸爸决定让大雨自己决定，不再干涉大雨。果不其然，周末过后的周一，大雨哭哭啼啼回到家里，对爸爸说："爸爸，我没有完成任务，老师检查的时候，我没有把课文背诵下来，被老师批评了。"

爸爸耐心对大雨说:"大雨,好记性不是天生的,而是练出来的,而且还要讲究记忆的方式与方法,掌握技巧,才能记忆更牢固。你先别管爸爸所说的方法是否管用,就按照爸爸的方法试一试,如果有效果,你下次还是这么记忆,如果没有效果,你再找到适合自己的方法,好不好?"大雨点点头。这一次,大雨按照爸爸建议的,在新课学完的当天晚上就开始朗读,次日继续朗读并且尝试背诵,如此循环两天之后,大雨果然把知识都背诵和记忆下来。这一次他不敢懈怠,而是按照爸爸所说的,在背诵下来的次日,就进行重复记忆,及时复习和巩固。此后接连好几天的时间里,他每天都积极地复习巩固,持续记忆。到了下一周,他每隔三天复习巩固一次。就这样,一个月之后,大雨对于知识的记忆还非常牢固呢!在期中考试中,大雨的语文成绩非常优秀,他兴奋地对爸爸说:"爸爸,你的方法真的很好用,我再也不怕忘记啦!"爸爸由衷地对大雨竖起大拇指:"大雨,你非常刻苦和努力,所以才有好收获啊!"就这样,大雨掌握了重复记忆法,再也不害怕背诵语文课文了。

很多孩子看书喜欢走马观花,似乎看得很快,实际上前面看了,后面就忘记了,根本不能起到良好的记忆效果。要想让孩子们牢固掌握所记忆的知识和内容,就一定要帮助孩子养成认真阅读的好习惯。首先,在阅读的时候要一字一句地去

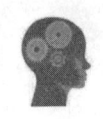

读，这样才能加深孩子对于书本内容的第一印象，而众所周知，第一印象是很重要的。其次，即使孩子对于书本内容进行了初步学习，也不代表后面的学习就会进展顺利，为此不要以孩子的书本还是崭新的作为骄傲的资本，而是要让孩子经常翻看书本，进行重复记忆，这样对于孩子的记忆才是有好处的。当然，凡事皆有度，过度犹不及，要注意避免让孩子进行过多的重复记忆，否则孩子感到厌倦，自然对于内容的记忆也会产生反面的作用和效果。通常情况下，前期重复记忆可以间隔很短的时间进行，后期重复记忆可以拉长间隔的时间。此外，当孩子们从一个角度对于知识进行记忆的时候无法起到良好的效果，还可以引导孩子们从多个角度对知识进行理解和记忆，这样一来，记忆的效果往往更好，也更加牢固。

作为重复记忆，就是对于同样的内容多记忆几次，这样记忆的效果自然更好。作为父母，未必要在孩子学习上遇到困难之后再引导孩子进行重复记忆，也可以在日常生活中多多引导孩子，让孩子在不知不觉中习惯于使用重复记忆的方法记住那些需要记住的内容。人总是趋利避害的，当孩子切实感受到重复记忆的好处，只怕父母不让他们进行重复记忆，他们还很不乐意呢！在此过程中，向孩子证明重复记忆是很有效的记忆方式，至关重要。

第05章
消除记忆恐惧,让孩子找到记忆信心建立记忆兴趣

俗话说,万丈高楼平地起。即使再高的高楼大厦,也要从地基开始做起,而记忆力正是孩子一生的地基。从事任何脑力活动,都需要记忆力作为坚强的支撑和基础。如果记忆力不好,脑力活动就会失去发展的根基。由此可见,记忆力对于孩子的学习和成长而言至关重要,不管孩子天生的记忆力是强还是弱,作为父母,都要积极地培养和提升孩子的记忆力,为孩子未来的学习和成长奠定坚实的基础,也为孩子的人生发展和成就夯实根基。

第05章 消除记忆恐惧，让孩子找到记忆信心建立记忆兴趣

快速阅读有助于激活记忆

其实，从信息获取的角度而言，记忆已经是第三步了。第一步是信息的录入，也就是阅读的过程；第二步是对信息的理解，也就是消化和吸收的过程；到了第三步才是记忆，是储存，是把有用的知识据为己有，从而让人生积累更多的宝贵知识和经验，也拥有更多建造人生大厦的材料的过程。

不可否认，每个人的阅读速度都是不同的，孩子也是如此。有的孩子读书很快，即使做不到一目十行，也可以非常流畅；而有的孩子阅读速度很慢，别人已经看完一页的内容了，他们才看了几行。这种情况下，如果一个快的孩子和一个慢的孩子一起看一本书，就会很痛苦，因为看得快的孩子每看完一页都要停下来等很长的时间，等到看得慢的孩子也把这一页看完了，他们才能翻开到下一页。

那么，阅读时，到底是快一些好，还是慢一些好呢？从激活记忆力的角度来看，当然是快速阅读更加有助于激活右脑记忆，可以让右脑的记忆力细胞更加活跃。这样一来，孩子们的记忆力自然水涨船高，孩子们在学习方面的表现也会更加出类拔萃。尤其是阅读速度快的孩子，阅读量也会更大。俗话说，见多识广，当孩子阅读更多的书，积累和掌握更多的词汇，他

们在写作文的时候就会有更多的材料可以组织运用。众所周知，自从小学三年级开始，孩子们开始学习写作文，很多孩子一到了写作文的时候就觉得头疼，归根结底不是因为他们不愿意写作文，而是因为他们腹中空空，没有材料可以运用。由此可见，让孩子们提升阅读的速度，掌握快速阅读的技能，对于孩子们的学习有很多的好处，作为父母，要认识到这一点，也要坚持督促孩子提升阅读速度，获得更好的阅读效果，同时也收获强大的记忆力和写作能力。

和大多数同学每次上作文课都很发愁不同，海涛每个星期都盼望着上作文课，这是因为他的作文总是被老师当作范文朗读，与此同时，他也会得到老师的大力表扬。有的时候，老师还会号召全班同学都向着海涛学习呢！

眼看着又是周五了，海涛从早晨就期盼着下午的作文课，因为他觉得自己上次写的那篇作文非常精彩。果不其然，老师对于海涛的作文大加赞赏，而且邀请海涛走上讲台，声情并茂地朗读作文。海涛读完作文后，老师邀请海涛："海涛，你的作文写得这么好，到底是怎么做到的，和同学们分享一下你的经验和心得体会，好不好？"海涛有些不好意思，说："其实，我也没有太多的方法和技巧。我有一个特点，也许是遗传了我的妈妈，那就是我特别喜欢看书。古人说开卷有益，每次读一本书，我都会学习到一些新的词语，也见识到那些作家独特的表达方式，如何去描绘一朵花，如何去感受树叶生长的声

第05章　消除记忆恐惧，让孩子找到记忆信心建立记忆兴趣

音，在我们普通人看来这简直不可能做到，但是在作家笔下，这一切都栩栩如生、活灵活现。我想，这就是文字的魅力。而且，我阅读的速度特别快，很多同学看完一本书需要一个星期的时候，我只需要三天。当然，这是在上课的情况下。如果是周末，我就会一天啃完一本书。我喜欢看书，胜过于看电视、玩游戏，我希望长大之后能够成为一名作家。"

海涛话音刚落，语文老师就带头鼓掌，说："说得真好，特别精彩！"说完，语文老师对同学说："同学们，快速阅读不但可以提升阅读量，还可以增强记忆力。因为当眼睛运动很快，把各种知识都搜罗入眼睛的时候，脑子其实一刻钟也没有闲着，而是会马上快速运转起来，争取把这些知识都更深入地理解，也更好地记住。"有个同学当即对老师的话表示认可："的确。老师，海涛简直过目不忘，我发现他能把自己看过的书都讲出来。"老师趁势号召同学们："那么，海涛从快速阅读中得到的好处大家都有目共睹，我相信大家都知道应该怎么做！"同学们纷纷表示要向海涛学习，海涛感到非常自豪。

很多父母也许是第一次听到快速阅读的概念，实际上，从专业的角度而言，快速阅读就是全脑阅读。人的大脑分为左右两个半球，左半球主要负责处理非形象化的信息，诸如数字、逻辑、文字等。和左半球不同，右半球主要针对图像和图形进行加工和记忆。通常情况下，人们进行阅读只是用到了左脑，因此阅读的速度和反应的速度都相对比较慢。而在快速阅读的

情况下，左右半球大脑都被调动起来，他们各司其职，发挥作用，从而把文字快速转化为形象，再全力以赴地相互配合，进行深入理解和快速记忆。所以，快速阅读根本不同于走马观花、三心二意的阅读，而是阅读更高级形式的表现。快速阅读的效果比传统阅读的效果更好，对于开发右脑，激发右脑的细胞活跃，有着显著的作用，自然也会对记忆力的提升起到重要作用。

从科学的角度而言，在进行快速阅读的时候，阅读者的眼力和脑力同时得到运用，为此呈现出"眼脑直映"的良好状态。这种阅读方式的作用更为直接和强大，因为它省略了传统意义上对文字进行深化了解和记忆的步骤。能够进行快速阅读的孩子，往往可以通过眼睛阅读文字，与大脑的思维速度进行匹配，这样一来，不仅提升了阅读的效率，也使得阅读变得更加直观、高效。当然，快速阅读并不是很容易做到，尤其是对于孩子来说，思维正在发展中，为此要实现快速阅读必须提升阅读量，也要有意识地调动自己的眼睛和大脑，使它们全力配合做好阅读。

那么，要想进行快速阅读，要做到哪些方面呢？首先，要默读，这是因为发声会延迟思考的速度，导致快速阅读的实现遇到困难和障碍。其次，要减少注视点。眼睛在阅读的过程中会进行快速远跳。科学家经过研究发现，眼睛在工作所用的时间中，眼跳占用的时间很短暂，而注视停顿所占用的时间很长。为此，要想节省时间，做到快速阅读，父母要引导孩子们有意识地减少眼睛的注视点，从而扩大视觉复读。这样一来，眼睛每次注视停顿的时候，就可以看到更多的内容，获得更多的信息，从而使得阅读效率也大大提升。

很多父母都会有这样的感触，即在阅读的过程中，一个不留神，就会觉得自己错过了很多重要的内容。为此，他们不得不放弃正在看的内容，回顾此前看到的内容。这样的事情发生的频率越高，阅读的速度也就越慢。在阅读过程中，孩子们也会遇到类似的情况，一则是因为不够专注，二则是因为阅读信心不够强，为此总是担心自己没有看清楚前面的内容，如果不回视，就会觉得心神不宁。总而言之，全脑阅读是阅读的至高境界，孩子们并不可能一蹴而就达到这样的境界，父母必须要对孩子有足够的耐心，给予孩子周到的指导，也要多多鼓励孩子，提升孩子的信心，这样孩子在阅读过程中表现才会更加出色。

让孩子利用"回想练习"加深记忆

古人云，今日事，今日毕。那么，作为学生，你已经真正完成今天的所有事情和学习任务了吗？你也许会回答：我已经写完了作业，也预习了新内容。但是，你却忘记了一项最重要的学习任务，这项任务并不在老师布置的作业清单里，但是却对你的学习起到至关重要的作用，那就是"回想练习"。什

么是回想练习呢？所谓回想练习，就是对于当天所学习的知识进行回忆，尽量争取将其完整地表现出来。在进行回想练习的过程中，孩子们无疑对于当天的学习任务进行了全面的复习和巩固，也因为当天的回想效果是最好的，所以能够有效对抗遗忘，使得记忆取得最好的效果。

很多父母都觉得纳闷，认为自己家的孩子又不笨，和别人坐在同一个课堂上课，为何总是比不上别人呢？其实，就是因为孩子没有掌握学习的好方法，所以在学习方面才会常常陷入被动的状态。别人家的孩子看似轻松，不是因为他们有着过人的天赋，而是因为他们掌握了学习的方法，可以在学习和记忆方面都能做到事半功倍。其实对于小学阶段的孩子而言，学习的任务并不繁重，只要能够掌握学习方法，解决学习的困惑和烦恼，就可以让学习事半功倍。

回想练习，不是简单地复习当天所学习的知识，而是以意识流的方式，如同放电影一样播放一天的学习。例如，播放一节语文课，播放一节数学课。如果在回想过程中遇到没有掌握的知识点，就可以当即翻阅书本查找答案。这样一来，就可以知道自己在课堂上哪些知识听懂了，哪些知识还不懂，在最短的时间内对学习上的漏洞进行弥补。

从心理学的角度而言，回想练习其实是大脑试图回忆的过程。在此过程中，大脑开展主动的思考和学习，就像计算机在硬盘的大量存储中进行搜索一样，对于搜索出来的东西可以加深记忆，对于不能正确回想起来的内容，则可以查漏补缺，可谓一举数得。古人云，温故而知新，运用在回想练习中再合适不过。

乐乐在班级里的学习成绩名列前茅，和其他同学每到周末总是去上各种补习班相比，乐乐的学习显得很轻松。他只有两个兴趣班，因此不需要四处赶场。在对学校里的学习内容进行学习，复习和预习之后，再完成作业，就有很多的时间可以用来自由支配。所以乐乐是班级里看电影最多的孩子，也是经常让老师竖起大拇指的孩子。有一年，乐乐因为腿部骨折，整整一年都没有上课，就这样缺课一年，回到学校里依然表现出类拔萃，是不折不扣的佼佼者，也是老师眼中的好学生。

有一次开完家长会，老师请乐乐爸爸上台分享教育乐乐的心得体会。爸爸说："其实，乐乐在学习方面之所以能跟得上，是因为在家休学的一年时间里，语文方面在坚持自学，数学方面就是在妈妈讲述知识点之后进行练习。英语呢，因为我和妈妈都不是专业的英语老师，所以只能请老师针对教材给他补课。不过，只是这么做，也还是远远不够的。在家休学的一年时间里，乐乐最大的收获就是养成了自主学习的好习惯。他可以根据妈妈给的要求和大纲来自学，也会在一天的学习之后，进行回想练习。遇到有不懂的地方或者有疏漏的地方就马上查漏补缺，由此在学习方面进步非常大。希望接下来的日子里，我们还能继续保持良好的学习习惯，和大家一起努力进

取。"爸爸的一番话得到了家长们的热烈掌声,很多家长都不知道回想练习是什么,因而纷纷百度,也想把这个学习和记忆的好方法教给自家的孩子。

在记忆的时候,如果只是单纯记一些知识点,孩子们难免会觉得枯燥。也有些孩子因为记忆力不强,所以无法完全把一天的学习过程重现出来。在这种情况下,孩子可以借助于翻书的方式,以书本上的内容作为提纲,提醒自己回想起当天上课的情形。当然,这里不是说孩子们要照本宣科,而是说孩子们可以在看一眼书上的内容提示之后,就马上合上书本,这样一来,就可以努力回想,争取做到掌握知识。对于掌握不够牢固的知识点,如果一遍不行,就回想两遍。对于拿不准的知识点,还可以及时向爸爸妈妈请教,或者求助于其他同学。当孩子养成这样好的复习习惯,就能够在一天结束即将休息之前,对于当天学习的内容进行理解和复习,赶在还没有遗忘之前,对于各种知识都进行深入记忆。

当然,回想练习的时间并不固定,可以在任何适宜的时候。例如,放学之前的大课间,睡觉之前躺在床上酝酿入睡情绪时,放学之后写完作业以后,或者是在吃完晚饭需要散步时,也可以一边散步一边"放电影",这样就可以做到散步和放电影两不耽误。只有经过反复的记忆和理解深化,才能取得最好的记忆效果,也才能让孩子们在学习上事半功倍。

第 05 章　消除记忆恐惧，让孩子找到记忆信心建立记忆兴趣

引导孩子默写，加强记忆

作为小学生，对于背诵和默写一定不会感到陌生，这是因为老师对于要求背诵的内容，总是会对孩子提出默写的要求。一则是因为默写是检验孩子背诵效果的好方式，二则是孩子将来在考试等检测过程中，总是要把背诵的内容写出来，所以如果只是口头上会说会背诵，而手上却不会写，则依然无法正确呈现所需要记忆的知识要点，也会导致真实的能力水平和在考试过程中验证的水平不同。

要想提升孩子的记忆能力，父母要引导孩子默写。即使孩子对于所背诵的内容没有完全掌握，也可以在默写的过程中努力回忆，从而加深理解和印象，起到巩固记忆的作用。反之，如果孩子已经完全掌握了需要背诵的内容，那么在默写的过程中，就可以把心中记忆牢固的东西以文字的方式呈现出来，自己会感到很大的成就感，也会提升记忆的信心。毫无疑问，这对于孩子提升记忆力是很有好处的，也是卓有成效的。

今天是周末，小波原本准备完成作业之后好好休息一番，为此一大清早就起来写作业，非常认真专注。看到小波这么好的表现，妈妈忍不住表扬小波："儿子真是长大了，学习都不需要督促了。"小波对妈妈笑了笑，说："我以后都不让妈妈盯着写作业，要主动！"小波很快就完成了作业，已经快到中午了，他准备吃完午饭再出去玩。妈妈在做饭的间隙里，看到

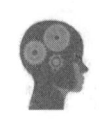

小波无所事事，为此对小波说："小波，你闲着也是闲着，不如把上周妈妈安排你背诵的古诗默写下吧！"这个任务来得很突然。小波很担心自己的默写会出问题，胆战心惊问妈妈："妈妈，默写不会的话，我下午还能出去玩吗？"妈妈点点头，说："当然能，不过你知道自己哪里记得不好，就要努力去记。"小波答应了妈妈的要求。

在妈妈的注视下，小波开始了紧张的默写。他时而紧皱眉头，时而面带微笑，时而苦思冥想，时而表情轻松。写完三首古诗之后，在默写第四首古诗第二句的时候，小波怎么也想不起来了。他只好向着妈妈求助："妈妈，你可以提示我一下吗？"妈妈说："你先默写其他的，这个最后再说。"小波很顺利地默写出第五首古诗，但是他对于忘记的那句古诗还是丝毫想不起来。妈妈说："我可以告诉你这首诗的意思，你看看能不能想起丢掉的那句古诗。"在妈妈的提示下，小波终于磕磕巴巴完成默写。但是，妈妈对于小波的表现不是很满意，为此告诉小波："以后，对于我要求你记忆的东西，我会随时进行默写检查。希望你在记忆的过程中不要懈怠，一定要反复记忆和巩固。因为今天是突然袭击，所以我就不罚你了。不过以后再出现这样的情况，妈妈就要罚你抄写古诗，有意见吗？"小波悬着的心又放下来，赶紧点头，心中暗暗想道：以后，我可不能这么三心二意，必须把妈妈安排的古诗都背诵并默写下来。

第05章　消除记忆恐惧，让孩子找到记忆信心建立记忆兴趣

在这个事例中，随着小波的心情起伏，作为读者的我们也会感到非常紧张。那么，妈妈的做法到底对不对呢？妈妈的做法非常正确，因为如果只是安排孩子背诵，而没有对孩子进行检查，孩子未免会觉得懈怠，也会导致记忆的效果大打折扣。默写不同于单纯的背诵，而是要把内容以文字的形式书写下来，进行记忆。默写是对记忆力进行检测的好方式。

当然，默写要想起到最好的效果，就要注意在默写的过程中不能看书。从某种意义上来说，默写和考试有着很大的相似之处，都是要起到检测的作用和效果，从而知道哪里掌握得好、哪里掌握得不好，这样才能真正做到查漏补缺。因此在默写的过程中，哪怕遇到不会写的，孩子也不能看书，而是可以空下来继续默写下面的内容。等到默写结束后，再针对不会的内容进行巩固记忆，从而保证记忆的效果更好。其次，在默写的过程中，还要进行时间限制，而不要任由孩子无限度去想。最后，默写出现遗漏的情况下，一定要及时重复记忆和巩固记忆，然后再进行复默，从而起到良好的效果。俗话说，温故而知新，如果没有复习就进行复默，则原本存在的问题还将会继续存在，巩固记忆也就无法达到最佳的效果。

父母需要注意的是，孩子在默写中出现错误是很正常的，所以当看到孩子第一次默写无法达到父母的预期时，一定不要心急，而是要给予孩子时间去巩固记忆，也要控制好自身的情绪，避免伤害孩子的自尊心。孩子的学习和记忆是循序渐进的

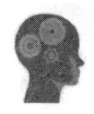

过程，父母要抓住适宜的时机让孩子进行默写，这样才能对孩子起到激励和警醒作用，让孩子进行自我管理，也意识到记忆应该是始终坚持进行的，而绝不能有懈怠。唯有如此，孩子才能坚持记忆，也才能通过默写的方式激发右脑细胞的活力，让记忆力更加增强。

反复诵读，让右脑记忆效果更好

在影视剧中，我们常常看到在古代社会，孩子们在私塾里读书，总是摇头晃脑地大声朗读。作为现代人的我们看起来，会觉得这些孩童的样子很可笑，实际上是因为古代的一种思想，那就是"熟读成诵"。"熟读成诵"是有一定道理的，因为通过反复地诵读，孩子们可以对于记忆内容真正了解，也有深入的理解。在此基础上，孩子们才能顺其自然地记住诵读的内容，因而在未来运用这些知识的时候水到渠成。作为父母，在对孩子进行记忆力训练时，也可以从以引导孩子反复诵读开始。在诵读的过程中，孩子们的右脑得到激发，细胞更加活跃，记忆力便会显著增强。

从心理学的角度来看，在反复诵读的过程中，我们诵读次数越多，背诵内容所需要的时间也就会越短，这是因为反复诵读会打开我们右脑深层记忆回路，在该回路的作用下，我们诵读的文字会变成图像存储在大脑里。众所周知，脑海中呈现出一幅图画，比脑海中一字不差地呈现出一大段文字要容易得多，这是因为图画更加直观形象，还更容易以原来的面貌呈现。

在诵读的过程中还有一个好处，那就是不出声地读只相当于录入一遍文字，而出声朗读则相当于先把文字看在眼睛里，又把文字说出来，与此同时，耳朵还会听到文字，相当于进行了三遍深化记忆，这也是出声朗读的背诵效果比默读的背诵效果更好的原因。

孩子们的天性就是爱玩，对于难度很大的学习任务，他们很难真正做到心甘情愿去完成。孩子声情并茂地大声朗读，把枯燥的记忆过程变得生动有趣，受此激发，大脑变得更加活跃和兴奋。这样一来，孩子的理解能力和记忆能力都会水涨船高。此外，当大声朗读的时候，孩子的大脑也会进入空杯状态，在这个时候进行记忆，孩子更容易集中精神，也可以增强记忆的效果。

从本质上而言，诵读和朗读是截然不同的。朗读更加注重声情并茂，而不追求读的次数；诵读则恰恰相反，诵读讲究要多读，要在读的过程中进行深入的思考。在能力达到的情况下，还要把诵读的内容转化为栩栩如生的画面。为此，诵读比朗读更深一步，对于知识和内容的理解和掌握也会更加深刻。

因为爸爸妈妈始终忙于工作，没有时间和精力照顾罗飞，所以罗飞从小就和爷爷奶奶生活在农村。爷爷是老师，对于照

顾孙子和教育孙子的重任义无反顾，始终都很注重提升罗飞的记忆力，为罗飞有朝一日能够回到城市里留在爸爸妈妈身边读书学习做准备。在爷爷的引导下，罗飞养成了清晨诵读的好习惯。在爷爷奶奶家里，院子很大，早晨空气清新，罗飞每天坚持早起半个小时，大声诵读。

暑假，爸爸妈妈把罗飞接到身边，想更多一些时间和罗飞相处。罗飞依然保持着好习惯，继续早起。但是他左顾右盼，找不到适合诵读的好地方，为此只好站在阳台上大声诵读。看到爷爷把罗飞教育得这么好，爸爸妈妈都很欣慰，妈妈更是对罗飞竖起大拇指。没想到，罗飞才朗诵了几分钟，隔壁邻居就找上门来，对爸爸妈妈说："请问，能否让孩子小一点儿声音。我们都是上班族，晚上熬夜加班睡得晚，早晨想多睡会儿。我们一般八点钟起床。"爸爸妈妈赶紧和邻居道歉，也叮嘱罗飞声音要小一些，不要打扰了左邻右舍。已经习惯了诵读的罗飞，一旦声音变小，根本就不在状态。他嘟嘟囔囔诵读了一会儿之后，就跑开去玩了，丝毫没有继续诵读的兴趣。

诵读，就是要大声朗读，如果孩子很喜欢音乐和戒律，还可以像影视剧里私塾中的孩子那样，摇头晃脑地读书。在大声诵读的过程中，孩子不但反复熟悉和强调所需要记忆的知识和内容，而且能够让大脑状态放空。从而起到良好的记忆效果和作用。事例中，罗飞已经习惯了诵读，来到爸爸妈妈家里，条件受到限制，所以他的晨起诵读也就受到影响。

当然，诵读只是有助于激发右脑的记忆细胞，也有助于孩子熟悉和了解所要记忆的内容，要想真正达到记忆的目的，则要更加专注投入地记忆，还要遵循前文的提醒和要点，反复记忆，对抗遗忘曲线。从这个意义上来说，诵读也要有时间间隔，才能起到更好的记忆效果，也才能让记忆更加深刻。

记住，不要忽视重复的巨大力量。要想记忆更多的内容，也让记忆更加牢固，孩子就要坚持反复记忆，也要把握好反复的间隔时间。只有面面俱到，才能与遗忘对抗，也才能让记忆发挥最佳作用。

用颜色对需要记忆的内容进行区别

如今，很多老师都主张孩子应该准备不同颜色的记号笔，这样一来，对于需要进行不同等级记忆的内容就可以以不同的颜色进行标识，从而起到一目了然的作用。否则，孩子们用黑笔在书本上记满笔记，再用黑笔在课文内容下面划线，导致整页书看起来黑乎乎的，使孩子感到心情压抑不说，还会影响孩子记忆的效果！

当然，在用不同颜色的笔标识不同的记忆内容时，还要注意控制颜色的种类。有些孩子把书本弄得五颜六色，看起来同样会觉得眼花缭乱。正确的做法是，选择最喜欢的三种颜色，

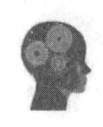

根据需要记忆的程度进行标识，或者根据记忆材料的不同种类进行区别，这样看起来清爽干净，而且一旦看到颜色就可以自动升级到相应的记忆水平，记忆的效果自然会更好。

有一天晚上马上要睡觉的时候，西西突然一拍脑袋说："哎呀，我忘记了一件重要的事情！"爸爸看到西西紧张的样子也很紧张，赶紧问西西："怎么了？"西西说："英语老师让把今天学习的课文段落背诵下来，我还没来得及背呢！"说着，西西拿出英语书开始诵读。看到西西的英语书上记载着密密麻麻的黑色字迹，爸爸没有打扰西西，而是等到西西背诵了半小时之后，建议西西："西西，你看着这黑压压的一片不觉得很压抑和沉重吗？而且，有些字迹因为靠得太近，都模糊到一起了，不利于辨识。爸爸建议你可以使用三种颜色记录不同的内容，或者做不同的标记，这样一来，看起来就会有所区分，也会觉得很清爽，那么你记忆的效果就会更好。你觉得呢？"西西恍然大悟："爸爸，最近笔记越来越多，我一直因为字迹看不清楚而烦恼。你这么一说，我就豁然开朗了，这可真是个好办法。那么，我就用三原色来当记号笔吧，红黄蓝，你觉得怎么样？"爸爸说："那当然好，因为红黄蓝是识别度最高的颜色。不过，每种颜色都不能那么浓重，要以清淡爽眼为主，好吗？爸爸这就去超市给你买。"西西谢过爸爸赶紧睡觉了。次日清晨，她看到桌子上摆着爸爸从二十四小时便利店买回来的三原色记号笔，由衷地感谢爸爸。

第05章　消除记忆恐惧，让孩子找到记忆信心建立记忆兴趣

经过记号笔的改良之后，西西的记忆效果更好了。她把红色作为最高等级的记忆，就是不但要背诵下来，还要能够正确默写下来。把蓝色作为第二等级的记忆，就是要求背诵。而把黄色作为第三等级的记忆，只要能够混个脸熟，认识就好。这样做好记号之后，西西再也不会不分重点地复习，而是能够根据颜色第一时间就反映出需要进行什么程度的记忆，从而使得记忆的效率更高。后来，西西还把这个好方法推荐给同学们使用，同学们也都说这个记忆办法非常强大！

如果把漫无目的的记忆和有的放矢的记忆放在一起比较，哪一种记忆的效果会更好呢？当然是后者的记忆效果更好，也能够抓住重点，节省宝贵的时间和精力。尤其是孩子们的记忆力原本就在发展之中，还没有那么强大，在这种情况下，就更是要好钢用在刀刃上，从而保证记忆的效率和作用。

从色彩的角度而言，颜色具有浓重的色彩，会对人的大脑产生刺激作用，为此使得大脑更加活跃。人们通过眼睛看到色彩，大脑马上就会发生反应，进行思考，调动的感觉器官越多，记忆的效果也就越好。而且，课本大多数都是黑白的，在黑白的冷色调中突然看到温暖明亮的颜色，也会让我们产生视觉冲击，从而使得视觉自动聚集到抢眼的地方，也在大脑中形成深刻的印象，最终成功地，增强记忆效果。

当然，孩子们总是贪玩心重。最初接触彩色标记笔的时候，孩子们很有可能会玩心大发，甚至有可能把课本弄得五彩

缤纷、乱七八糟，这当然无法起到正面作用。为此，父母要提醒孩子不要在同一个记忆内容上标注过多的颜色，甚至对于整本书的标记也最好不要超过三种颜色。除了用记号笔把需要记忆的内容完全画出来之外，还可以在记忆的内容下面画上重点符号或者三角号等。以符号作为区分，即使只有三种颜色，也可以进行更多种分类，效果会更加显著。

虽然以颜色进行标识是很简单的，但是要想准确地根据记忆的等级对内容进行划分，却并没有那么容易。在此过程中，孩子还要如同过筛子一样把所学习和掌握的内容进行准确区分，也是在进行思考和复习的过程。只有对内容进行深入理解和准确定位，接下来才能进行颜色的区分，也才会更进一步加强记忆。由此可见，以颜色区分看似简单，实际上内有玄机，要想真正地提升和增强记忆力，就要多多进行这样的梳理和训练。需要注意的是，任何方式方法都不可能起到一蹴而就的作用，作为父母首先要端正心态，不要对于孩子的成长和学习太过急功近利，孩子才能在充满爱与自由的环境中成长，才能在得到父母的尊重和信任之后变得更加自信和强大。

第06章
激发想象力，激活右脑帮助孩子进行有效记忆

想象力是孩子成长的翅膀，要想让孩子具有更强大的记忆力，就一定要激发孩子的想象力。在想象力的作用下，孩子能让记忆的材料变得更加生动形象，也能让记忆变得更加鲜活，对于增强孩子的记忆力有着很好的作用。

第06章 激发想象力，激活右脑帮助孩子进行有效记忆

让想象力成为孩子记忆的翅膀

通常情况下，孩子的想象力越是强大，记忆力也就越强。在四五岁的时候，孩子们的想象力到达巅峰，有些孩子甚至分不清想象和现实，因而产生了混淆。然而，随着年纪的增长，孩子们的想象力从巅峰开始走下坡路。在这种情况下，作为父母，一定要有针对性地帮助孩子们提升想象力，也要想方设法激发孩子们的想象力，这样孩子们的记忆力才会水涨船高。

不可否认，有些时候需要孩子们背诵和记忆的东西，的确是非常复杂的。尤其是在孩子没有亲身经验的情况下，要想理解记忆的材料显得尤为困难。在这种情况下，不要一味地死记硬背，而是通过查阅资料，了解记忆材料，加深理解，从而借助想象的翅膀，让自己对于记忆材料进行感知。例如孩子们需要背诵一篇游记，但是又从来没有亲身去过游记所描述的地方，这样一来，不妨想想自己正在跟随作者的文字身临其境，从而起到更好的作用和效果。反之，如果只是一字一句地机械记忆，则会显得非常艰难。

这个周末，妈妈带着东东一起参观了小区里举行的摄影作品展。当然，对于这次参观展览，妈妈提前给东东布置了任务，那就是要完成一篇作文。东东从小就喜欢摄影，为此刚刚

103

来到展览的地方,他就被那些优秀的作品吸引住。看着东东目不转睛的样子,妈妈在一旁安静地陪伴观赏,没有打扰东西。

在看到其中一幅摄影作品的时候,东东忍不住啧啧赞叹,原来这幅作品拍摄的是泰山日出的情景。看到东东陶醉的样子,妈妈提醒东东:"东东,你的作文就可以以这幅作品作为重点,进行介绍。"东东为难地说:"但是,我没有去过泰山啊!"妈妈说:"你的确没有去过泰山,但是你可以针对这幅作品展开想象的翅膀,你不觉得这幅作品给人以身临其境的感觉吗?"东东点点头,说:"我看到这幅作品,仿佛觉得自己也来到了泰山。"妈妈说:"这就是摄影作品的魅力啊!虽然摄影作品是无声的,而且也没有任何文字对其进行描述,但是它却能够表达,甚至含义非常丰富。你要做的,就是在观赏过程中知道作者的深刻含义,然后再把这种意境用文字描述出来。我相信,经过你想象力的加工,这幅优秀的作品一定会跃然纸上,让读者朋友也仿佛去了泰山,亲眼看到了日出。"点点头。

认真观赏完所有的摄影作品后,东东回到家里马上伏案疾书,很快就写好了一篇精彩的作文。原来,东东在观赏的时候就使用了想象的方法让自己身临其境,所以他对于作品的印象非常深刻,使其在脑海中随时都能呈现出来达到了最好的记忆效果。

不管想要记住什么,只靠着死记硬背很难记得清楚和牢

第 06 章 激发想象力，激活右脑帮助孩子进行有效记忆

固，还要辅以想象力，这样才能让那些原本枯燥乏味的东西跃然脑海中，也才能让记忆的效果大大提升和增强。尤其是孩子们的人生经历原本就很少，人生经验有限，如果再缺乏想象力，则对于很多东西的理解都无法透彻和深入。借助于想象的翅膀，则让孩子们可以在书本中看到更多美丽的景色，经历更多的事情，这对于提升孩子们的记忆力当然有着很大的好处。

善于想象的孩子，画面感特别强，这可以刺激他们的大脑右半球更加活跃，更加生动，也让大脑右半球的细胞得到充分发展。这样一来，孩子们的右脑得到发展，形象思维变得更加强大，配合左脑的逻辑思维作用，自然会产生更好的思维效果和记忆作用。

具体而言，父母要怎么做，才能激发孩子们的想象力呢？首先，要让孩子的头脑中储存更多的表象。所谓表象，正是想象的基础，也是想象的材料。这就像建造高楼大厦需要建筑材料一样，如果孩子们的头脑中没有表象，则巧妇难为无米之炊，根本无法有效开展想象。反之，如果孩子们的头脑中有很多的表象，则孩子们在想象的时候可以顺手拈来，把这些表象充分利用，从而真正具有强大的想象能力。积累表象，就要让孩子在日常生活中多多观察，把很多客观事物的形象都存储在脑海中，这样一来，才能积累想象的材料，也才能让想象变得更加生动灵活。除了要带着孩子四处走走看看之外，还可以让孩子们观赏优秀的影视作品，例如今年大火的科幻片《流浪地

球》，还有纪录片《人间世》《野外生存》《动物世界》等，这些都可以让孩子们在观赏之余积累和存储更多的表象，对于孩子们的健康成长是很有好处的。

其次，引导孩子积累更多的语言文字。只有表象作为材料还远远不够，要想进行记忆，还需要文字作为黏合剂。众所周知，孩子刚刚出生的时候根本不会用语言进行表达，甚至连有意识地发声都无法做到。在成长的过程中，孩子们的能力越来越强，可以用语言来表达自己简单的意思。随着成长，在学习上不断深入，孩子需要记忆的内容越来越复杂，而且对于记忆的要求也更高。在这种情况下，父母必须引导孩子有意识地积累文字材料，这样才能在记忆的时候，真正理解记忆的材料，也让想象力被丰富的语言表达出来。可以说，孩子掌握的语言越是丰富，他们想象力的翅膀也就越是辽阔，自然他们成长的空间会更加高远。

再次，父母不要限制孩子的兴趣爱好或者人际交往。很多父母对孩子过度保护，把孩子捧在手心里怕摔了，含在嘴巴里怕化了，不管孩子想做什么事情，父母总是忙不迭表示反对，恨不得把孩子装在口袋里随身带着，不愿意让孩子做任何事情。殊不知，这样把孩子变成套中人，对于引导孩子健康成长，锻炼孩子各个方面的能力没有任何好处。孩子的成长除了需要充足的养分之外，还需要多多经历和体验，这样才能在成长过程中持续地得到提升，也才能渐渐地从幼稚走向成熟，对于人生有更加深刻的理解和感悟，也对于未来怀有更加强烈的信心。否则，孩子们总是被关在钢筋水泥的家里，只能接触到父母和家人，内心自然会很匮乏，对于人生的体验和感悟也会很肤浅，这对于孩子进行想象没有任何好处。明智的父母会鼓励孩子走出家门，走到户外去，走到人群中，这样不但能够提升孩子的智慧，也能让孩子全方位发展，心灵变得充实，随着想象力的提升，记忆力也自然水涨船高，获得长足的进步和发展。

联想，让记忆事半功倍

联想和想象有着异曲同工之妙，都是通过思维的发生和发散，让各种知识之间产生关联。不同之处在于，想象产生的是从未发生过的、虚拟出来的事情，而联想则是把新学习的知识和旧有的知识与经验联系起来，由此让思维得以发生，也让思维的效率显著提高。很多孩子在记忆新知识的时候，因为学习的时间比较短，而且理解程度还不高，为此常常会感到非常困难，也会因此而感到迷惘和困惑，在急速下降的记忆力中，感到手足无措。实际上，当一个人跌落悬崖，哪怕只是抓住一根草也会产生很大的拉力，也可以降低他下降的速度，如果能够暂时拉住他，他就拥有了更多的时间去争取生机。在每个人的脑海中，那些容易遗忘的知识，何尝不像是跌落悬崖的内容

呢，我们要做的就是为这些内容找到救命稻草，减缓这些内容遗忘的速度，从而使得这些内容更长久地在我们心中驻留。这里所说的救命稻草，就是与新知识有关联且为了学习新知识已经激活的内容。这些内容与我们新学习的知识之间有千丝万缕的联系，因为我们已经记住了旧有的知识，而且也已经把这些知识牢固印刻在脑海中，因此把这些知识与新知识的记忆扯上关系，对于记忆新知识是有很大好处的。

联想的种类有很多，分为类似联想、接近联想、关系联想和对比联想等。在进行联想记忆的各种知识之中，一定有着联系，正是通过这些联系，我们才能进行更加顺畅的记忆。有的时候，哪怕把新知识忘记了，只要想起旧有的知识，也可以把新知识想起来，这就是联想的魅力和强大作用。在这个世界上，万事万物之间都存在着看不见摸不着的关系，没有哪个人是完全独立的。在人的脑海中存在的知识，彼此之间也联系紧密，而要想提升孩子的记忆力，就一定要认识到各种知识之间的关联，从而才能有的放矢在各种知识之间建立关联。

联想并不仅仅局限于两种事物之间，有的时候，联想就像是串起糖葫芦的竹签，会把很多的糖葫芦都串联起来。例如，孩子由新知识想到旧知识，又由旧知识想到自己对于知识的运用，再从对知识的运用联想到实际的现实问题，从而更加深入理解知识，也能够做到灵活运用知识。毫无疑问，这与孩子的学习能力密切相关，对于孩子的学习也会起到积极的作用和效果。当然，每种不同的联想方式都有各自的特点，我们要根据自身的实际情况和所要记忆的材料特点，选择最适宜的方式方法进行联想记忆。

举个最简单的例子来说，有个孩子在某一个周末看到了一场电影，后来在和同学分享观后感的时候，同学问他是什么时候看的电影，他一下子想不起来具体的日期。这个时候，他想起在看电影的次日就是小妹妹的生日会，他在看电影之后回家的路上还给小妹妹买了个礼物呢！然而，小妹妹并非在生日当天过的生日，而是提前了一个星期过的生日。于是，他根据小妹妹的生日推断出小妹妹过生日的日子，又往前提了一天，就是他看电影的日子。看到这一连串的弯弯绕，不难想到这个孩子为了想起看电影的日子可是大费一番周折，通过记起妹妹真正的生日和过生日的日子，继而想起来自己去看电影的日子。这就是联想的记忆方式，可以帮助我们在记忆最深刻的点上打开突破口，从而让我们的记忆如同泄洪的闸门一样，一旦打开，就有很多的水流出来。

很多孩子都喜欢读书，有的孩子喜欢读散文，有的孩子喜欢看小说，也有的孩子喜欢朗诵诗歌。实际上在众多的文体中，诗歌题材的创作中，会运用到大量的想象和联想。这是因为诗歌的节奏是跳跃的，远远不像其他题材中的文字那么平实和连贯。要想欣赏诗歌，同样需要具有想象力和联想力，才能在跳跃的文字和节律中，理解和感悟作者真正想要表达的意思

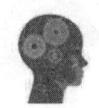

和感情。很多孩子想象力丰富，在朗读诗歌的时候总是朗朗上口，也擅长用想象和联想填补诗歌的空白，为此就可以真正做到欣赏诗歌，热爱诗歌。当然，这样的能力并非生而就有，必须在后天成长的过程中坚持锻炼和提升，才能不断地提高，也才能以此作为基础激励记忆力得到提升。

学会编故事，用故事串联记忆

很多成人都有这样的感触，即对于毫无关联的东西总是记不住，因为这些东西就像是脑海中散落的珍珠，非常零碎，捡起来这个又不小心丢掉那个。如何才能一下子就把所有的珍珠都拿起来呢？最重要的在于，要把这些珍珠用一根线串联起来，这样只要把线提起来，就可以拿起所有的珍珠，可谓事半功倍。

对于记忆中那些珍珠，如果原本没有线索可以将他们串联起来，那么如何做才能更好地将它们串联起来呢？其实，为了达到记忆的目的，未必需要本来就有的线索，也可以根据记忆的需要找到一个线索，这样才能让记忆起到更好的作用和效果。当然，孩子的思维能力正在发展之中，未必马上就能找到线索，实际上，对于想象力本来就很丰富的孩子们而言，编写故事是一个很不错的选择。在小学中低年级里，常常会有看图

第06章 激发想象力，激活右脑帮助孩子进行有效记忆

写话、续写等形式的作文题目，实际上就是为了让孩子们激发自身的想象力，从而获得更好的记忆力。在孩子最初发挥想象力编故事的时候，父母不要太多地限定孩子，而是可以任由孩子天马行空。有些小朋友不但喜欢编故事，还会把故事讲给父母和其他小朋友听。对于孩子而言，这是很好的行为，也恰恰意味着孩子们不但可以编故事，还尽可以借助于讲故事锻炼表达能力。哪怕孩子讲故事的时候磕磕巴巴，父母也不要对孩子冷嘲热讽。对于有些孩子而言，他们的语言能力发展，比起大脑的发展相对滞后，为此父母要默默地支持和鼓励孩子，给予孩子更多的时间和空间去发展。

为了充足发展孩子的想象力，父母除了任由孩子天马行空之外，还可以鼓励孩子根据某个主题进行想象。当看到孩子点点滴滴的进步，父母就要及时鼓励和赞扬孩子。当然，孩子也一定会有不足，父母不要对孩子的不足视若无睹，而是要及时为孩子指出不足，这样孩子才能及时反思和改进，也才能得到快速的成长和发展。只要坚持在日常生活中进行相关的练习，也激励孩子进取，认可孩子的优点，指出孩子的缺点，让孩子更加愿意编故事、讲故事，则日久天长，孩子的想象力就会得到发展，变得越来越强。当孩子上到小学三年往开始接触作文，父母还可以引导孩子把想象出来的故事记录下来，这样一来，孩子就能由心到口，再到手。在此过程中，孩子的记忆力得到长足进步和发展，有助于孩子未来的学习和成长的。

俗话说，处处留心皆学问。实际上对于父母而言，只要处处留心，就可以借助于生活中的各种机会，有意识地激发孩子的想象力，让孩子各方面的能力都得到长足的进步和发展。诸如走在街道上，看到一个乞丐正在乞讨，父母可以引导孩子想象乞丐的生活为何如此拮据和贫穷。在此过程中，父母还可以有意识地教育和引导孩子要努力进取，好好学习，天天向上！日常生活中，还可以组织全家人进行娱乐活动，做一些有意义的游戏。例如，在一张纸上写下一组词语，让孩子发挥想象力编一个故事，从而把这些词语都按照顺序涵盖在其中。如果父母曾经接触过超强记忆的训练，就会知道这样编故事，正是提升孩子记忆力的好方式，尤其有助于孩子们把原本彼此独立、意义没有关联的词语联系起来，进行深刻记忆。

只要父母形成培养和提升孩子记忆力的正确观点，就能够采取各种方式激发孩子的记忆力，让孩子的记忆力得到长足的进步和发展。否则，如果父母从态度上对于培养孩子记忆力就不够重视，自然会非常懈怠，也就无法有效地激发孩子的记忆力。不可否认，记忆力对于孩子的学习和成长都将会起到至关重要的作用，而父母一定要从小激发孩子的想象力、培养孩子的记忆力，让孩子的综合能力得以提升，进步更快速。有些父母总是觉得孩子还小，很多方面的学习不宜过早，其实这是父母低估了孩子的能力。孩子的能力超出父母的想象，只要父母相信孩子，放手让孩子去做，孩子就会给父母很大的惊喜。激发孩子的想象力，激活孩子右脑的潜能，是父母教育孩子的当务之急，而且因为孩子小时候想象力非常强大，更是宜早不宜迟。只有抓住教育孩子的黄金时期，教育才能事半功倍，父母一定要顺应孩子成长的趋势教育孩子，既不要揠苗助长，也不要迟疑不决。

把要记忆的内容变成相片存储起来

很多人都喜欢照相，随着各种手机都带有美颜功能，为此很多人都会打开美颜为自己留下美丽的瞬间。然而，美颜过的照片看起来虽然好看，却并不能真正表现出自己的样子，而是过滤掉很多的不完美或者瑕疵。其实，照相的真正含义在于，记录生命在某一个特定时刻的样子。不得不说，这对于记录自己的人生很重要。

所谓照相，就是按照一定的比例把人或者事物缩小，原样记录下来。如果我们的脑子也是一个照相机，能够把看到的很多知识都拍成照片存储在记忆里，那该多么好啊！遗憾的是，我们的脑子不是照相机，那么我们就只能尽量提升记忆力，尽量把某些知识还原记录。从记忆的角度而言，这种记忆方法就叫照相式记忆，即以虚拟照相的方式进行高精确度的记忆，这一方法对于某些特殊的记忆材料有着非常好的记忆效果。

前文说过，每个人的大脑都分为左右脑两个半球。其中，左脑负责逻辑、思维等，倾向抽象的思考和认知，而右脑则负责想象等直观的认知，也会进行感性的思考。有心理学家经过研究发现，大多数人的左脑得到了相对充分的利用，而右脑则始终处于沉睡状态。如果能够激发右脑的记忆力，则会比左脑的记忆功效强大一百倍。右脑这么神奇，如何才能激发右脑的记忆潜能，让它为我们所用呢？利用右脑进行照相记忆的方式和原理又是什么呢？

细心的父母会发现，孩子们在小时候刚刚开始学习写字，总是会发生颠倒笔画顺序的情况，尤其是那些低龄幼儿，拿起笔不是写字，而是画字，似乎每一个字在他们的脑海中都是一幅美丽的图画，而看着他们拿起笔来画字的呆萌样，作为父母真是又觉得好笑，又感到着急。没关系，等你了解了孩子的记忆特点，就不会再为此着急上火了。

右脑通过照相的方式进行记忆，是因为年幼的孩子拥有与众不同的海马图像记忆机能，这样一来，就可以实现有效的认知。在最初开始识记汉字的时候，孩子们就是把汉字当成是图形，将其拍下照片存在脑海中。当孩子产生写的欲望时，他们就会依照脑海中的照片照葫芦画瓢，从而把字画出来。不得不说，孩子这是典型的形象识记。为此，年幼的孩子虽然理解能力有限，也不知道自己所学习的生字和古诗到底是什么意思，却能够很快记住。父母在了解孩子的记忆特点之后，有的放矢

第06章 激发想象力，激活右脑帮助孩子进行有效记忆

对孩子进行记忆力训练，给孩子更多的机会使用照相机法，则可以在一定程度上激发孩子的右脑发育，使得孩子右脑中的海马记忆机能得到快速提升，变得越来越强大。

最近，妈妈发现一个有趣的现象，才四岁的甜甜已经拿起笔开始写字了。只不过，甜甜写字毫无章法，完全是在照葫芦画瓢，而且妈妈几次纠正甜甜，要求甜甜按照正确的笔顺写字，甜甜也总是充耳不闻，依然故我。妈妈很担心，生怕甜甜以后写字会继续这样颠倒，为此赶紧向学习儿童心理学的妹妹求教。

得到甜甜的情况，小姨忍不住笑起来，说："姐，这是好事情啊，你有什么好害怕的呢？这正说明甜甜右脑的海马记忆区域发展很好，她很擅长照相式记忆。不信，你把她照着写的字拿走，她也能把字画出来。"妈妈半信半疑，按照小姨说的去做，果然，甜甜继续把字画出来了。后来，妈妈又向小姨请教了什么是海马记忆区域，什么是照相记忆法，小姨都耐心地一一作答。后来，妈妈在小姨的建议下有意识地引导甜甜进行照相式记忆，结果发现甜甜可以把很多复杂的图形都记住，并且以拙嫩的笔触画出来。不过，妈妈再也不会感到紧张和担忧，因为她还想让甜甜始终保持右脑的海马记忆呢，这样将来学习一定会得到很大的便利。

在这个事例中，甜甜的照相记忆法很强大，所以才会小小年纪就拿起笔，这都是因为她产生了画字的欲望和需求。照相

115

记忆法不但对于幼儿画字有很大的帮助，对于孩子们未来学习也大有裨益。通常情况下，能够驾驭照相记忆法的人，都拥有很强的记忆能力，也可以在短时间内就发挥强大的记忆力，把各种知识点都拍照记在脑海中。

每一种记忆方法都有自身的特点，孩子们所需要做的不是盲目地学习他人如何记忆，而是要根据自身的情况和记忆材料的特点，选择最合适的方法，进行最高效率的记忆。有的时候，孩子们年纪小，理性思维还不够强大，为此无法为自己选择最适宜的记忆方法，这个时候就需要父母为孩子提供帮助，引导孩子在记忆的过程中更加自信，更加充满力量，再辅以技巧，记忆的效果一定会大大增强。

调动更多感官参与记忆

细心的人会发现，在记忆的过程中，越是有更多的感官参与记忆，记忆的效果越好，越深刻。这是为什么呢？为何记忆和感官之间有这么密切的关系呢？究其原因，在于记忆的过程。要想进行深刻的记忆，人们首先要接收来自外界的信息。因为在接收信息时调动的感觉器官不同，所以记忆的效果也有一定的差别。心理学家经过研究发现，如果一个人只是靠听力来学习和记忆知识，那么在学习之后三小时，只能记住70%

的知识。如果依靠视觉来学习和记忆知识，能够记住72%的知识。倘若把听力和视力一起投入知识的接受和学习中，则能够保持85%。当然，这里所列举的数据只是在学习三小时之后的记忆率。随着时间的流逝，在没有及时复习的情况下，知识的遗忘会更多。例如，两天之后，依靠听觉记忆的知识可以保持20%，依靠视觉记忆的知识可以保持30%，而依靠听觉和视觉通力记住的知识，则可以保持50%。由此可见，差距还是很大的。心理学家进行了更进一步的研究，发现如果在学习的时候，学习者边听边看边写边说边做，调动所有感官进行记忆，即使两天之后，所学习的知识也依然能够记住至少70%。这充分向我们验证了一个道理，即在接受信息的过程中调动的感觉器官越多，记忆的效果就越好。正因为如此，人们才会认为默读不如出声朗读的效果更好，因为默读只用眼睛，而出声朗读则用到眼睛、嘴巴和耳朵。人们也才会说好记性不如烂笔头，这是因为当真正动手去写，又多了一个做的步骤。由此可见，孩子们要想提升记忆能力，一定要勤于动手，而不要总是偷懒，或者不愿意调动更多感官。

从生理学的角度而言，每一种感觉器官在头脑中都有相对应区域，因而调动的感觉器官越多，也就意味着大脑加工的区域越多。为此，父母一定要提升孩子的综合感知能力，增强孩子的记忆效果。

最近，吴飞开始学习英语了。也许是因为男孩子的语言能

力发育比起女孩子的语言能力发育相对滞后吧,吴飞在英语学习方面就感觉很吃力,远远不如班级里的女生们接受和学习得好。为了提升吴飞对于英语学习的兴趣,也帮助吴飞记住更多的单词,妈妈进行了很多努力。例如,在吴飞的卧室里贴上很多单词,在马桶的前面也贴上很多的单词。而且,每隔一段时间,妈妈就会把这些英语单词进行更换。然而,吴飞很努力地记忆单词,却总是收效甚微。

有一天,吴飞借着刷牙的机会又在背诵单词,最近这段时间需要记忆的一系列单词都是与面部器官有关的,例如,脸、头、头发、鼻子、嘴巴等。吴飞虽然看着单词能够读出来,但总是记混这些单词的意思。妈妈听着吴飞稚嫩的声音在背诵单词,突然灵机一动拿出家里的大娃娃,指着娃娃的鼻子问吴飞:"鼻子用英语怎么说?"吴飞想了想,回答正确。就这样,从枯燥地独立背诵单词,到在妈妈的陪伴下背诵单词,吴飞感受到学习英语的快乐。后来,妈妈还改变方式,由吴飞说出一个单词,然后妈妈来指向相应的部位。有的时候,也由妈妈说出一个单词,让吴飞指出相应的部位。谁要是输掉,就要被弹个脑门或者在脸上贴上贴纸。吴飞不觉得这是在学习,而是认为这是在做游戏。就这样,吴飞与妈妈配合越来越默契,随着被弹脑门和贴纸的次数越来越少,吴飞终于成功地记住了所有和头部相关的单词。

在这个事例中,记单词的本质并没有改变,但是因为妈妈

第06章 激发想象力，激活右脑帮助孩子进行有效记忆

把记单词组织成为一场有趣的游戏，所以吴飞参与记单词的兴致越来越高，甚至觉得记单词就是一种享受，而不是枯燥乏味的负担。正是在这样的情况下，吴飞才能调动多个感官，把单词顺利记住。

为了提升孩子的记忆效果，父母可以采取协同记忆的方式，引导孩子调动更多的感官参与记忆，使得孩子的记忆力有更大的进步和更快速的发展。很多父母觉得这很难，不容易做到，那么教育孩子的过程中有哪件事情是简单的呢？其实很多时候不是孩子做不到，而是因为父母觉得太难，所以就常常会畏缩和退却。实际上，要想对孩子有更好的教育效果，要想帮助孩子更富有智慧，获得成长，父母就要形成正确的意识，也要认识到生活处处皆学问，只要父母能够把很多事情做得到位，孩子的成长就会得到有效的引导，也会变得更加高效。

现实生活中，在明确意识的指导下，父母随时都可以对孩子进行相应的引导和训练，让孩子在识记的过程中调动多种感官参与，从而使得识记的内容与大脑中的各个区域建立密切的联系。例如，我们可以和孩子一起认识小兔子：小兔子的毛是白色的，就像白雪一样白，而且没有其他的颜色，非常柔软；小兔子的耳朵是竖起来的，尖尖的，就像两根胡萝卜一样；小兔子的眼睛红通通的，不知道的人还以为小兔子得了红眼病呢；小兔子最爱吃胡萝卜……要想让孩子对于兔子的认知达到全面的程度，就要让孩子亲自观察，也真正触摸小兔子，从而

才能对小兔子的感知更加生动具体，也更加形象。反之，如果孩子从未见到过真正的兔子，而只是在书本上或者影视片里看过兔子，那么他们就无法与兔子进行近距离的接触，也就无法真正记住兔子的各种特征。

不仅中医讲究望闻问切，孩子们在记忆各种内容的时候，也要讲究望闻问切，这样才能让自己拥有更多的表象，让想象力得到充分的材料，从而使得想象力变得更加具体形象，非常生动。在此过程中，孩子的记忆力在潜移默化中得到提升，也会对学习起到积极的助力作用。

第 07 章
随时开启记忆训练,深度开发孩子的记忆潜能

孩子的学习能力体现在哪些方面?对于这个问题,每个人都有自己的见解和观念,然而大家都认可的一点是,一个学习能力很强的孩子必然有着超强的记忆力。在小的时候,机械记忆是孩子的主要记忆能力;随着渐渐长大,孩子的记忆能力主要依靠理解进行。有人说每个人都有巨大的潜能,孩子的记忆潜能也是很强大的,唯有将记忆潜能激发出来,孩子才会有更强的学习能力,也才会在成长中表现得更加卓越。

第07章 随时开启记忆训练，深度开发孩子的记忆潜能

迈出第一步，才会离成功越来越近

每个人在生活中都需要发挥记忆力的强大作用，才能更好地记住一些事情，学习和掌握很多的知识与方法，也才能激发自身的强大潜能，让自己距离成功越来越近。尤其是对于孩子而言，需要学习的东西很多，在学校的系统学习中更是要记住很多的知识点，为此更需要强大的记忆力作为支持，才能在学习和成长方面都有很好的表现。记忆力受到先天和后天因素的双重影响。要想提升记忆力，就要努力地迈出第一步，坚持进行记忆力训练，才能距离成功越来越近。

当然，记忆力训练的方法多种多样，有联想记忆法、想象记忆法、比较记忆法等。要根据孩子自身的情况，以及需要记忆的具体内容，有的放矢地引导和帮助孩子，才会对孩子起到最大的促进和激励作用，也才能卓有成效帮助孩子提升记忆力。否则，如果总是采取错误的方式帮助孩子提升记忆力，只会事与愿违，既无法真正帮助孩子迅速提升记忆力，也无法使他们获得长足的进步和发展。

从本质上而言，不管采取哪种方式，都应该在第一时间里迈出第一步，而不要因为害怕和胆怯，就总是一提起记忆力的训练就会畏缩。所谓万事开头难，不管做多么艰难的事情，都

要勇敢地迈出第一步，激发自身的全部力量，督促自己坚定不移地努力向前。

自从上了小学，默默发现需要记忆的东西越来越多，尤其是语文课上，老师总是给他们布置作业，让他们把成篇的课文背诵下来。其实，在低年级阶段，这些课文都是很短的，为此默默还可以顺利完成背诵任务。但是升入三年级之后，默默发现每次需要背诵的课文都很长，她在记忆力方面的劣势明显表现出来。每次看着班级里的同学们顺利完成长篇课文的背诵，她的心里都五味杂陈，羡慕嫉妒恨一起涌上心头。她不止一次想道：要是我也能很快把课文背诵下来多好啊，就不会被老师批评了。然而，默默的记忆力似乎天生就有些弱，眼看着默默在学习方面陷入困境，妈妈多方打听，最终决定给默默报名参加记忆力训练。

听说妈妈要把自己送到专门训练记忆力的机构，默默很抵触：我本来就害怕记东西，这样一来岂不是天天都要记东西了吗？然而，默默不能拒绝，因为她很清楚自己的记忆力的确影响到学习，急需提升。就这样，默默下定决心参加记忆力训练，在父母、老师等的齐心协力之下，她战胜重重困难，学习和掌握了一些记忆力的技巧，快速提升记忆力。

在这个事例中，默默切身感受到因为记忆力不够强大而给学习带来的很多困扰。虽然她很害怕参加记忆力训练，但是她也意识到自己必须提升记忆力，否则就会在学习上陷入困境。

第07章 随时开启记忆训练，深度开发孩子的记忆潜能

她下定决心参加记忆力训练，实际上就迈出了通往成功的第一步。正如有人说，一个人把时间花在哪里，哪里就会开花。在坚持进行记忆力训练之后，默默的记忆力果然大幅度提升，她获得了长足的进步，在学习上的表现也越来越好。

一个人不可能各方面都发展非常出类拔萃，尤其是孩子正在成长的过程中，更是会不断地暴露出各种各样的问题。为此，要端正态度，摆正心态，有针对性地参加学习，这样才能扬长避短、取长补短，把各种事情做得更好，更加到位。记住，人生中从未有一蹴而就的成功，更不可能有天上掉馅饼的好事情。所有点点滴滴的进步都需要我们付出努力，坚持不懈，才能真正实现。否则如果总是在成长的道路上迷失自己，总是在人生的未来变得彷徨失措，则人生很难进步，只会退步。俗话说，人生如同逆水行舟，不进则退，正是这个道理。孩子随着不断成长，学习上进入新的阶段，所需要掌握的知识也会越来越多。为此，更是需要强大的记忆力作为学习的支撑。从这个角度而言，尽早开始进行记忆力训练，提升记忆力水平，是很重要的，也对孩子的学习和成长大有裨益。

当然，每个孩子都是这个世界上独立的生命个体，他们有自己的思想和观念，也有自己的人生轨迹，作为父母尽管急于提升孩子的记忆力，却要以孩子作为出发点，而不要忽视孩子的特点和个性。每个孩子都是不同的生命体，他们的成长表现和节奏也是截然不同的。越是如此，越是要因人制宜，针对

不同的孩子采取不同的方式方法和培养策略,这样才能起到事半功倍的效果。作为父母,还要尊重孩子的意愿与选择,而不要因为急于提升孩子的记忆力,就强迫孩子进行训练。方法对了,事半功倍;方法错误,非但会导致事倍功半,还会导致事与愿违。教育孩子是一项长期浩大的工程,父母要有足够的耐心和爱心,也要坚持循序渐进地引导和提升孩子,才会真正助力孩子的成长,促进孩子的发展。

轻松随意的记忆容易出现错误

有人说,世间事最怕认真二字,这句话其实很有道理。对于很多原本看似难度很大的事情,只要投入真心,全力以赴,就能够推动事情不断朝着好的方面发展,也最终能够获得让人惊喜的效果。反之,哪怕一件事情非常简单,如果做事情的人三心二意,也是没有办法把事情做好的。孩子们要想提升记忆力,就要改掉漫不经心、轻松随意的记忆习惯,尤其是对于需要认真记忆的内容,更是要认真细致,这样才能避免记忆出现偏差,也才能有效地提升记忆力。

遗憾的是,现实生活中,有很多孩子的专注力都比较差。这是因为在成长的过程中,父母不曾有意识地提升他们的注意力,也没有帮助他们建立专注的好习惯。当孩子习惯于三心二意地做很多事情的时候,即使在记忆的重要时刻,也依然会漫不经心、非常随意,这样一来孩子的记忆当然会出现各种错误,尤其是对于细节的把握方面效果很差,为此会变得非常被动。在轻松随意状态下的记忆模式,更适合记忆那些无关紧要的东西,而如果需要精细化记忆,就一定要调动起自己的注意力,让自己更加关注细节,也真正把握好细节。这样才能最大限度避免错误的出现,也才能让记忆变得趋于完美。

在记忆力训练中,默默的一个记忆缺点被发现,而且他自己也意识到在记忆方面的这个巨大欠缺。有一次,老师让默默记忆一段文字,默默当即开始记忆,还因为此前掌握的记忆方法而沾沾自喜,很快就把内容记忆下来。老师在检查默默记忆效果的时候,发现默默原本应该记忆很正确的两个词语颠倒了顺序,把"莎莉文"说成了"莉莎文"。老师不由得感到好笑:"默默,你认字是没有问题的吧,为何把人名弄错了呢?"默默羞愧地低下头,说:"老师,我有个同学的英文名字就叫莉莎文。"老师说:"这可不行啊,记忆的前提就是要正确认知,否则总是这样被固有的经验影响,使得一开始的记忆就是错的,如何做到准确记忆呢?"默默向老师保证:"老师,我以后一定认真记忆,不再让您失望了。"

此后,默默又曾几次犯粗心大意的错误,老师这才意识到要想提升默默的记忆力,先要让默默更加专注,才能把正确的内容记到脑海中,起到良好的效果。因为发现了问题,老师引

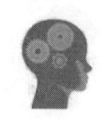

导着默默一起有目标地解决问题，对默默进行针对性的训练。渐渐地，默默的心变得越来越细，在记忆之前做准备的时候，总是一字一句地正确认知、理解，为此记忆能力得到了很大的提升。

如果孩子一开始在阅读记忆材料的时候，看到的内容就是错的，那么还如何有效地进行记忆呢？这就像是印钞机的模板出现了错误，印刷出来的只能是错币。为了有效帮助孩子提升记忆力，首先要让孩子形成专注力，其次要让孩子养成认真细致的好习惯，这样才能有的放矢地提升孩子的记忆能力和水平，也让孩子感受到记忆成功的成就感和喜悦。

记忆力固然是与生俱来的，但是天生的因素对于记忆力只起到一部分的影响和决定作用，只要在后天努力认真地提升记忆力，也进行各种相关的训练，就可以让记忆力更上层楼。俗话说，勤能补拙是良训，一分辛苦一分才。每当记忆力遇到困难和障碍的时候，一定不要轻易放弃，而是要更加全力以赴提升记忆力，这样才能让记忆力更上层楼，对于我们的学习也能起到良好的作用。

孩子们从六岁进入小学一年级开始，在长达十几年的求学生涯中，记忆力始终发挥着重要的作用。即便有朝一日走出大学校园，开始工作，记忆力对于提升工作能力，把工作做好，依然不可或缺。因此，从小就提升记忆力对于孩子的成长和发展至关重要，作为父母，更是要对孩子的记忆力训练引起重视，全力以赴去帮助孩子坚持训练。尤其需要注意的是，很多父母觉得孩子粗心是小事情，长大一些就好了。其实，这种想法完全是错的，如果孩子从小就养成了粗心大意的坏习惯，总是背诵错误的单词、课文等，那么他们即便长大了也不会有所改观。习惯的力量是很强大的，所谓记忆就是精准地再现，而不是模棱两可，更不是含糊其辞。如果父母对于孩子的粗心问题上不能有正确的认知，也没有引起足够的重视，就会导致孩子粗心大意的问题愈演愈烈。为了提升记忆力，为了让记忆力的效果更好，孩子们一定要改掉粗心的坏习惯，对于需要认真记忆的内容，必须要做到百分百记忆，不能模棱两可，更不能三心二意。

坚持训练，提升记忆力

滴水要想穿石，必须经年累月，持之以恒；绳锯要想木断，也必须坚持很长的时间，而且绝不能放弃。做任何事情，哪怕只是很小的事情，要想获得成绩，追求成功，也绝不是轻而易举就能做到的。有效提升记忆力，必须坚持记忆力训练，而不要总是三天打鱼两天晒网，否则记忆力非但不会得以提升，还有可能出现退步的情况。

前文说过，进行记忆力训练的方式有很多。而坚持记忆力

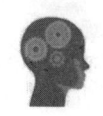

训练，靠的就是顽强的毅力和不懈的精神。在这个世界上，没有什么事情是很容易做到的。孩子正处于成长的过程中，要以学习和进步为己任，为此就更是要有吃苦的精神，要更加勤奋和努力。有的时候，记忆力训练还会显得很枯燥，孩子们要战胜内心的疲惫和乏味，对记忆力训练始终坚持不懈，最终有效地提升和增强记忆力。

最初参加记忆力训练的时候，默默还觉得很新鲜有趣，每到周末，都很高兴地和妈妈一起去参加训练。然而，随着时间的流逝，训练的难度越来越大，内容也变得非常枯燥，对此默默感到很无趣，最初因为记忆力提升而产生的成就感和喜悦也渐渐消退。

又到了周末，妈妈和往常一样早早喊默默起床，默默蜷缩在被窝里不愿意出来，赖在床上不想穿衣服。妈妈鼓励默默："默默，要坚持啊，坚持到底就是胜利。"默默对妈妈说："妈妈，我不想参加记忆力训练了，我只想睡懒觉。而且，我的记忆力已经提升了很多，我现在背诵课文和其他同学一样快速。"妈妈知道默默到了学习的瓶颈期，因而鼓励默默："默默，虽然你现在背诵课文的确比以前快，甚至和你们班级里表现还不错的几个同学一样快，但是妈妈认为你只要坚持训练，还可以做得更好。你知道吗？你现在才上小学，将来你读初中、高中，上大学，还有更多的东西需要记忆，只靠着目前的记忆能力显然是不能应付的。咱们这次可是要笨鸟先飞，不能等到将来记不住内容的时候再临时抱佛脚。以前，咱们处于落后就要挨打的地位，接下来，咱们要更加积极主动，让自己处于超前的地位，好不好？"默默说："我不想超前，只想睡觉。而且训练的内容越来越难，我没办法做到老师的要求。"

原来，默默是因为训练难度增大才会产生畏难情绪啊。妈妈对默默说："默默，学习就像上台阶，总是要一步一个台阶，才能不断地进步。否则，总是停在原地，就会被别人超越。"看着默默依然躲在被窝里，妈妈很清楚：在学习的瓶颈期，突破了就是突破了，如果不能突破，未来就是退步。为此妈妈决定不管采取怎样的方式，都要说服默默继续参加记忆力训练，绝不能半途而废。

在这个事例中，默默经过最初参加记忆力训练的进步和提升阶段，后来遭遇瓶颈，遇到困难，由此产生畏难的心理是很正常的。父母固然要帮助孩子坚持练习，却也要讲究方式方法，更要留意和关注到孩子的心态改变和情绪状态，这样才能有的放矢引导孩子不断努力成长，获得长足的进步和发展。否则，一味地强迫孩子，对孩子采取高压政策，只会导致孩子更加叛逆。而且，对于不喜欢做的事情，孩子即使被勉强去做练习，也不会取得良好的结果。

毋庸置疑，父母教育孩子是一个漫长的过程，需要付出很多的时间、精力，也要对孩子有足够的耐心，这样才能引导孩子在成长的道路上不断前进，努力前行。作为父母，我们要明

白如果总是任由孩子顺从心意去放弃,就会导致孩子变得越来越缺乏自制力,并且渐渐地形成轻易放弃的坏习惯。父母要教导孩子明白任何人做任何事情都不可能一蹴而就获得成功,唯有更加全力以赴,即使在遭遇困难的时候也始终坚持不懈,才能拨开云雾见到光明,也才能超越坎坷到达顺境。记住,这个世界上从未有天上掉馅饼的好事情,更不会有免费的午餐。任何人点点滴滴的进步都需要靠着自身努力,孩子更是要从小养成吃苦耐劳的好习惯,才能战胜成长过程中的各种困难,让自己取得更好的发展和更大的收获。

此外,记忆力训练要持之以恒,因为在坚持训练的过程中,记忆力才能得到持续提升。如果中间发生间断,则会导致记忆力短暂提升之后又出现退步和发展迟缓的现象,这无疑对于持续提升是极为不利的。在成长的过程中,孩子们还会遇到很多的困难,如果连眼下这个小小的困难都不能战胜,还谈何未来和更大的进步呢?为此,孩子自身要有强大的信心,父母也要给予孩子很大的支持和鼓励,才能与孩子一起渡过难关,让孩子更加健康快乐地成长,真正实现突破和超越。

激发强大的记忆力

曾经有心理学家提出,每个人的潜能都是无限的,潜能就

第07章 随时开启记忆训练，深度开发孩子的记忆潜能

像是一座藏匿在深山老林里还没有被发掘的宝藏，也像是一个沉睡在每个人身体里的雄狮。一个人要想成长，就要激发自身的潜能，让自身的力量喷薄爆发出来。记忆力正是人们的重要潜能之一，关系到人们的学习、工作，也渗透在生活的方方面面。孩子正处于学习的关键时期，在学习的过程中需要记忆的东西很多，更是要激发自身的记忆潜能，才能让自己在学习中如鱼得水，游刃有余。否则面对同样的内容，其他同学能够顺利记忆，而记忆力不好的孩子只能大眼瞪小眼，即使很努力也记不下来，不得不说，这是非常糟糕的，也会严重影响孩子们的学习进展，沉重打击孩子们的自信心。所以父母千万不要觉得孩子只是记忆力相对比较差、记东西有些慢而已，而是要正确认识到记忆力对于孩子学习和成长的重要作用，从而想方设法督促孩子加强记忆，有效地帮助孩子们提升记忆力，与此同时增强学习的能力。

如果说记忆力和人的其他潜能一样是藏匿的宝藏和沉睡的狮子，那么如何才能激发孩子们的记忆力，就成为提升记忆力的重中之重。那么，激发记忆力的方式有哪些呢？首先，一定要多多记忆，勤学苦练。俗话说，熟能生巧，也经常有人说脑子越用越灵活，如果不用就会锈掉。其实，对于孩子而言，同样如此。尽管孩子的思维很灵活，想象力天马行空，但是他们并没有掌握有意识激活记忆力的方式方法。在日常生活中，孩子们应该多多记忆一些内容，从而让记忆力得到锻炼和增

强。其次，要经常调动思维，让思维变得更加活跃，当大脑整个被激活，属于大脑功能之一的记忆力功能自然会得到激活，也会增强。再次，经常运动，让大脑得到充分休息，也是增强记忆力的好方法。最后，多晒太阳、调节饮食，让大脑得到充足的养分，也是有助于提升记忆力的。例如，可以多吃坚果等食物，也可以摄入充足的蛋白质等。这些有益于大脑的营养物质，都会帮助激活大脑，让记忆力得以快速提升。

眼看着默默参加记忆力训练进入瓶颈期，妈妈决定想办法激发默默坚持记忆力训练的兴趣。妈妈决定在家庭里开展一个背诵古诗的比赛，即每天晚上全家人都要学习一首古诗，然后由妈妈负责讲解古诗的内容，然后全家三口比赛，看看谁能最快速地把古诗背诵下来。当然，第一个成功背诵古诗的人将会得到奖励。默默很想得到奖励，为此每次都很努力用功去背诵。当然，爸爸妈妈也会有意识地让着默默，把获胜的机会留给默默。就这样，默默在积累三次奖励机会得到喜欢的毛绒玩具熊之后，对于记忆的兴趣越来越强烈。

当然，爸爸妈妈没有一直让着默默，毕竟是比赛，只有存在竞争的关系也分出胜负输赢，才能产生更大的激励效果。在默默接连胜利好几次之后，妈妈和爸爸偶尔也会赢得默默一次，这样一来，默默感受到压力，记忆更加用心和努力。对于比赛的奖品，妈妈也是变着花样，使奖品对于默默有很大的吸引力。在多方面的综合作用下，默默越来越喜欢背诵古诗。有一次，默默在学校里回答问题的时候，就用到了平日里背诵的古诗，还被老师表扬了呢！对于记忆力给自己带来的成就感和荣誉，默默感到很高兴，她立志要继续坚持提升记忆力，为自己未来的学习打下坚实的基础。

孩子记忆的能力也会沉睡，为此一定要想方设法激活，才能让记忆力变得更加强大。对于记忆力的激活方法，并没有一定之规，而是要根据孩子的情况，以及所需要记忆的具体内容，有的放矢去激发，去创新。当然，激活记忆力的方式也不要墨守成规，而是要随着孩子的成长和学习进程的推进，与时俱进，这样才能起到最好的效果。

记得在前段时间播出的《人间世》第二季中，有一集是关于阿尔兹海默症的。这一集呈现出很多老人患有阿尔兹海默症的情况。阿尔兹海默症给老人的生活带来了很大的伤害，一旦患有这种疾病，老人们的记忆力就会严重衰退，还会出现认知障碍。为了缓解症状，医生会建议家属们多多陪伴老人，也会要求家属们经常和老人沟通，说起以前的很多事情，或者针对某个问题进行交谈，这些都可以调动老人们的大脑运转起来，对于老人们的病情控制是很有好处的。实际上，这些治疗方法就是在激活大脑，提升思维灵活性。

帮助孩子们增强记忆，也有着异曲同工之妙。父母一定要重视对于孩子记忆力的激活。在日常生活中，能够帮助孩子们激活大脑、提升记忆力的事情很多。举个最简单的例子，如果妈妈要去超市里购买食品，就可以要求孩子们帮忙记住要买哪些东西。和在培训机构里专业进行记忆力提升相比，日常生活中的这些小事情更有趣味性，只要父母引导得当，孩子们是很乐意去做的，也就可以在潜移默化中提升孩子们的记忆力，让孩子们获得更加快速的成长。此外，和孩子一起外出游玩的时候，父母还可以有意识地引导孩子们记住景区的名字和路线，或者让孩子在游玩之前就做好攻略，这样孩子们就可以在游玩过程中充当导游，向父母介绍关于景点的各种信息，也可以带领父母按照一定的顺序游玩景点。总而言之，处处留心皆学问，父母只要处处留心，也就可以找到很多机会在潜移默化中培养和提升孩子的记忆力，这样坚持去做将会效果显著。归根结底，记忆力培训机构对于孩子记忆力的培养和提升都要以课程的方式进行，而父母对于孩子随时随地的记忆力培养和提升，则可以渗透到生活的方方面面和细枝末节中。父母要有心，更要对孩子用心，才能和孩子一起健康成长，也才能给予孩子更多的成长机会去进步。

找到适合自己的记忆方式

每个孩子都是这个世界上独立的生命个体，他们与众不同，有着独特的个性和创新能力，而且有着不同于其他孩子的成长轨迹。作为父母，也许因为长期关注自己家的孩子，为此会对孩子很了解，甚至误以为所有孩子都是差不多的样子。和父母相比，作为老师，则因为接触和见识到更多的孩子，所以对于不同的孩子体会更深，也会意识到孩子们是截然不同的。正是因为如此，老师才会产生明确的意识，认识到要对不同的孩子因材施教。而父母虽然和孩子接触更多，也对孩子更加了解，但是却会在无意之间陷入一个误区，即对孩子提出更高的要求，或者强迫孩子必须按照父母选定的方式去做好很多事情，也有可能因为对孩子感到失望而对孩子歇斯底里。因为父母不知道每个孩子都是不同的，所以还会把孩子拿去和其他孩子进行比较，指责孩子不够优秀，不够出类拔萃。

在这个世界上绝没有两片完全相同的树叶，也没有完全相同的两个人。每个孩子都是完全独立的生命个体，与其他人截然不同，为此，针对于每个孩子的教育方式、引导方法和培训训练也都应该是不同的。父母要想帮助孩子提升记忆力，就要找到最合适的方式帮助孩子进行训练，循序渐进地进步。这与获得成功的道理一样，例如有人获得了很大的成功，而当其他人想要模仿他人成功的模式也获得成功时，则会遇到很多困难和障碍，结果非但没有获得成功，还有可能事与愿违。这就是因为成功只属于每个人自己，我们可以借鉴他人成功的经验，但是却不可能完全照搬他人的成功。作为父母在对孩子进行记忆力训练的时候，固然很羡慕别人家的孩子记忆力很强，也要

注意到自家孩子的特殊情况，从而根据孩子的特点有针对性地进行训练，而不要犯盲目模仿的错误。此外还需要注意的是，记忆力虽然可以通过后天的训练得以提升，但是先天因素在此过程中也会起到很大的作用。因此，父母要关注孩子的先天条件，在以孩子的先天记忆条件为基础的情况下，再以后天的训练增强孩子的记忆力，让孩子的记忆力变得更加强大。

当然，除了要借助于父母的安排进行记忆力训练，提升记忆力之外，孩子自身也要有意识地培养和提升记忆力。毫无疑问，在进行记忆力的相关训练时，孩子对于哪种训练方式更加适合自己，会起到更好的效果，会有更加深刻的感受和体验。因此，要想找到最适合自己的记忆力方式，孩子是最有发言权的。有些方式尽管很权威，或者在其他人身上效果很好，但是当放在孩子身上时，不一定能起到最佳的效果。只有孩子亲身体验后效果最好的方式，才是最值得推崇和信任的。

此外，在提升记忆力的过程中，如果孩子觉得哪种方法不适合自己，或者对于自己不能起到最好的作用和效果，那么还可以对不恰当的环节进行适度的调整，从而让后续的训练效果更好。总而言之，方法是死的，人是活的，只有采取与时俱进的态度随时调整，才能起到最佳的作用和效果，也才能让自己收获更多的成长和进步。记忆力对孩子的成长、学习和未来的生活、工作都将会起到最大的作用，与其因为记忆力不够强大而导致未来陷入困境，不如从现在开始就全力以赴提升记忆力,这样才能做好准备,也如愿以偿成长更快,收获更多。

关于方法,很多人对此都有深刻的认知,因为方法决定了效率。如果方法错了,哪怕孩子们付出很多的时间和心力,也未必能够有收获;如果方法对了,孩子们在付出之后就会得到显著的收获,也才获得快速成长。由此可见,在努力之前就要保证选择正确的方式方法,这是保证努力之后有收获的最关键因素,也对于孩子们的成长起到决定性的作用。做任何事情都要讲究方式方法,这一点毋庸置疑。只有在正确方法的指导下,孩子们才会成长快乐,也才会进步巨大。当然,父母尽管了解孩子,却远远不如孩子更了解自己,为此要想找到最为合适的记忆方式与方法,除了孩子们要加深各种感悟之外,父母也要尊重孩子的感受、意见和想法,这样才能让孩子准确表达自己,也才能让孩子发挥主观能动性选择最适宜的方式方法,起到最佳的记忆效果。

第08章
培养敏锐的观察力,从记住他人的身份和相貌开始

记忆力强大的人,绝不是只靠着死记硬背就能把生活中各种繁杂的信息记录下来,而是能够坚持用心,把眼睛当成是照相机,从而才能完美再现很多需要深刻记忆的信息和画面。在日常生活中,尴尬的时刻有很多,看到一个人,却不记得他人的姓名、与自己有何关系,这算是尴尬之一。孩子们要想建立好人缘,拥有良好的人际关系,就要更加积极主动与他人沟通和交流,这样才能结识更多人,拥有更多的朋友。当然,要想实现这一点,前提是必须记住他人的名字,能够把人和姓名对上号,最好还要知道他人的身份。总而言之,孩子们越能回忆起更多关于他人的信息,越可能拥有好人缘。

第 08 章　培养敏锐的观察力，从记住他人的身份和相貌开始

把姓名和人对号入座是一种能力

从现实的角度来说，总有些人记忆力很强，知人识面，只需要一面之缘就可以牢固记得他人的名字，因而在下一次见面的时候可以亲切热情地招呼对方的姓名，这无疑会让对方感到非常高兴。然而，如果实际情况恰恰相反，那就是对于已经有过一面之缘甚至数面之缘的人，我们如果总是记不起对方的名字，尤其是在见面的情况下，会因为不知道如何与对方打招呼而显得非常尴尬。为此，不管是对于孩子还是成人来说，拥有超强的记忆力，能够把他人和姓名对号入座，绝对是人际交往中不可或缺的重要能力。

有些成人非常狡猾，由于现代社交中美女帅哥等泛泛的称呼很受人欢迎，所以他们对于想不起来名字的人会笼统地称呼为美女或者帅哥。然而，如果只是把这种称呼用在生活中的非正式场合自然可以，但是倘若是在正式的场合里呢？美女帅哥之类的称呼当然会给人留下轻浮之感，甚至会给他人留下恶劣的印象。其实，只靠着称呼他人为美女帅哥根本不解决实际问题，因为美女帅哥的称呼适用的场合太少，也不适合孩子们用来称呼小伙伴。因此，孩子们要发挥记忆力，尝试把他人的姓名和人对号入座，这样才能再见到新朋友的时候称呼对方的名

字，让对方感到非常亲近。

如何才能记住他人的名字呢？一味地死记硬背，当面对很多人都需要认识的时候，就无法在一时之间记住那么多人的名字。为此，必须要认识他人的容貌，也要做到记住他人的各种特征，才能让记忆更加准确且牢固。

最近，皮特转学来到一所新学校，插入该学校的三年级一班就读。对于皮特而言，离开熟悉的校园环境和老师同学，一下子要面对这么多的陌生人，自然感到压力山大。为了尽快熟悉和适应新的环境，皮特决定把新班级里的四十多个同学进行分组，每天记住一个小组中七八个同学的名字，争取在一周之内就记住所有同学的名字。

因为有着积极性和热情，皮特第一天就记住了第一个小组里八个同学的名字。次日上学，他在校门口遇到同学，马上喊出同学的名字。同学惊讶极了，高兴地紧跑几步，和皮特并肩而行。认识了一部分同学之后，皮特就没有那么孤单寂寞了。在已经认识的同学牵线搭桥之下，课间的时候，皮特和其他同学也玩得很好。因为与同学们之间有了更多的相处机会，皮特得以深入了解不同的同学，为此记忆的过程变得越来越简单容易，也越来越效果显著。

面对一张张陌生的面孔，皮特想要在短时间内记住所有同学的名字根本不可能。为此，他先是采取死记硬背的方式记住一部分同学的名字，先消除自己置身于陌生人群中的尴尬，

第08章 培养敏锐的观察力，从记住他人的身份和相貌开始

接下来再和同学们相处，在相处过程中更加深入了解同学，这样一来对于同学有了更加直观深入的了解，也能够区分不同同学之间的差别，从而让记忆更加效果显著。很多成人也会有这样的感触，当面对很多外国友人的时候，总觉得所有人都长得一个样，因此记住国际友人的名字变得非常困难。其实，这不是因为我们记性不好，而是因为我们不知道外国友人之间的区别，因此才无法做到准确区分和精准记忆。

要想更加准确地记住他人的姓名，我们就要认真观察他人，深入了解他人，这样才能在心中对他人留下直观的印象，从而准确喊出他人的名字。在各种影视剧中，我们会发现有些人即使是在意识混乱的情况下，也会喊出心中念念不忘的名字，这就是记忆的魅力，是真正镌刻在我们心底的爱才会驱使我们在无意识状态下脱口而出所爱之人的名字，表达心底里最无法释怀的牵挂。当然，对于普通的人我们无须这样将其镌刻在心里，只需要付出十分之一的真心和努力，做到准确记忆对方的名字，和对方成为朋友即可。孩子们，你们做好准备记住所认识的人了吗？当你脱口而出喊出对方的姓名，你一定会看到对方脸上的惊喜和满足的表情。要相信，你如此用心地对待他人，也会得到他人的倾心相待，更是会拉近与他人之间的距离，使彼此愿意亲近，建立深厚的友谊。

记住他人相貌的独特之处

我们常常听到有人自诩为脸盲,那么脸盲是什么意思呢?如果文盲是不认识字,那么脸盲就是不认识脸。如果对于每个人不同的脸无法准确区分,即使记住了很多姓名,也无法做到对号入座,喊出他人的名字。由此可见,要想做到准确认识他人,除了要有好记性记住名字之外,我们还要记住他人相貌中的独特之处,这样才能把他人与其他人区别开来。

当然,要想弥补脸盲的弱点,除了要意识到他人的美丽,学会认可和欣赏他人之外,还要学会区分他人的面部特征,认识到他人相貌的独特之处,这样才能更加深刻地记住他人的相貌,从而与名字相对应。在《悲惨世界》里,每一个人都对主人公的美丽印刻在心,也对于敲钟人的丑陋不忍直视。不管是美丽还是丑陋,都是一个人长相的最大特点。当然,在如今网红脸泛滥的年代里,所谓的美丽变得廉价和容易得到,对于众多美丽的人,我们也还是要能准确识别。特征,就是一个东西的不同寻常之处,而面部特征即是一个人长相中与众不同的地方。如果孩子们能够记住他人的面部特征,就可以更好地记住他人,甚至因为各种因素的综合作用,也就记住了他人的名字。在诸多方法中,把一个人的相貌与名字联系起来进行记忆,无疑是很高效的办法。

初一昨天才报到,今天是开学第一天。在昨天,大家已经

第08章 培养敏锐的观察力，从记住他人的身份和相貌开始

见到了语文老师和英语老师，唯独没有见到数学老师。而今天的第一节课就是数学课，为此同学们全都端坐在教室里，等着数学老师的到来。上课铃响了，数学老师踩着铃声走进教室。同学们看到数学老师满脸络腮胡，却面红唇白，不由得都盯着数学老师看。这个时候，数学老师笑着和同学们打招呼："大家好，我叫张琦，是你们的数学老师。"说完，张琦老师还转过身，把自己的名字写在黑板上。他背对着同学们，边写边说："我是人如其名，所谓张琦，就是长得奇怪的意思，因为我的胡须都长到腮帮子上了。"听到如此风趣幽默的语言，同学们忍不住笑起来，对于张琦老师充满了好奇。

只是这样短短几分钟的交流，每一个同学都记住了张琦老师的名字，而且每当想起张琦老师的名字时，都会忍不住笑起来——"长得奇怪，胡须都长到腮帮子上了"——如果没有老师这番生动的介绍，他们很难在这么短的时间里记住老师的名字。

在这个事例中，张琦老师为了让同学们第一时间记住他的姓名，为此特意强调了自己的相貌特征，那就是满脸的络腮胡。为了让同学们成功地把名字和人对上号，他还引导同学们在他的姓名和相貌之间建立了联系。就这样，他成功地被同学们记住，也赢得了同学的尊重和喜爱。

提升记忆力的方式有很多种，每个人强化记忆的方式也都是不同的。当然，记住人的名字，把人和名字相对应，和背诵整篇的课文截然不同。毕竟课文是一篇文章，有内在的逻辑

147

性，因而在记忆过程中可以被作为整体对待。但是名字则不同，名字就是一个符号，每个人的名字到底有何深意，只有负责起名字的父母才知道。而作为旁人，很难从他人的姓名中准确解读出深刻的意思。其实，这也没关系，因为我们既然不知道他人姓名的深刻含义，就可以赋予他人的姓名以含义。也许我们赋予他人姓名的含义，和他人父母起名字时所想到的意思不同，但是没关系，我们这样做只要能够有助于我们记忆他人的姓名就可以。

在此基础上，我们还要认清楚他人的长相有何与众不同之处。曾经有位名人说，这个世界上从未有两片完全相同的树叶。同样的道理，这个世界上也没有两个完全相同的人。人与人之间不但脾气秉性不同，而且身材相貌也不相同。就算是一奶同胞的双胞胎，乍看起来长得很像，而真正了解他们的父母和家人，总是能够准确区分他们，就是因为他们是截然不同的。有的人长得很高，皮肤白皙；有的人长得很矮，皮肤黝黑；有的人五官端正，眉清目秀；有的人眉眼就像没长开一样，全都凑在一起……总而言之，千人千面，只有认真细致观察，我们才能准确意识到他人的不同之处，也真正洞察他人的特别和独到。不管他人与我们是否一样，也不管他人长得是否招我们喜欢，我们都要客观用心地认知他人，也要推动自己与他人的相处不断地向前发展，收获更好的结果。综上所述，识别他人的相貌很重要，可以帮助我们记住他人。

有的时候，我们无法顺利找到他人相貌的夸张之处，这也是因为大多数人都是普通而又寻常的人，一旦扔到人堆里就找不到。在这种情况下，又要如何告别脸盲呢？通常情况下，我们认识一个人的时候总是会置身于特定的环境之中，也会发生一些特别的事情。如果实在不能记住他人身材和相貌的特征，还可以回忆起相识时候的情形，或者联想到当天这个人穿着一件很有特色的衣服，或者戴着一顶特别别致的帽子，这都是很不错的记忆线索，理应好好利用。总而言之，处处留心皆学问，处处用心皆线索。只要多多努力和用心，我们总能记住他人的名字，也总能在与他人相处的过程中建立友好的关系，形成深厚的感情。

有方法，才能加深记忆

小学生们在记忆和背诵课文的时候，往往花费了很多的时间和精力都无法记下来。每当这时，老师会建议他们要多读书，多记忆，从而加深印象。有些孩子对此表示不理解：为何老师一定要让我们大声朗读呢？这是因为默读是在心里，而朗读则是把心里的话读出声，在读的过程中不但加深了对于内容的理解，而且可以听到自己的朗读声，相当于又听到了一次需要背诵的内容。这样一来，当然可以起到双重的巩固和记忆效

果。为了更加提升记忆的效果,还有的老师会要求孩子们抄写或者默写。抄写可以加深记忆,默写则可以尝试着回忆,这对于促进记忆都是卓有成效的。

和长篇大论的课文相比,人的名字很短,通常是两到三个字,极少数人的名字是四个字。即使是外国友人,名字很长,也就十几个字。只从字数上进行考量,我们会发现记住姓名比背诵课文容易得多,其实不然。因为课文是有内在逻辑性的一篇文章,而且辞藻华丽,令人读起来倍感享受。而姓名则不然,姓名是代号,是父母给予孩子的祝福和期望。每一个父母都会深刻记住孩子的姓名,这是因为孩子的姓名来自他们的灵感和对孩子的祝福,而且孩子与父母息息相关。相比之下,对于他人的姓名则没有那么深刻的感觉,甚至完全无感。为此要想记住他人的名字,我们除了要记住他人的相貌特征之外,还要倾听他人的名字,重复呼唤对方的名字。

在刚刚听到对方姓名的第一刻,我们对于姓名的记忆力最为牢固,何不趁此时的好机会多多称呼对方名字呢!例如,在宴会上,有人把朱莉介绍给你,你就可以不断地呼唤朱莉:"朱莉,你想吃点儿什么,我帮你拿。""朱莉,你喜欢喝什么,橙汁还是汽水?""朱莉,你看起来非常和善,我很喜欢你。""朱莉,让我们一起去那边,和他们聊一聊吧!"……在一次又一次重复这个名字的过程中,你就把朱莉和她的名字牢固联系在一起,也进行了深刻的记忆。

第08章 培养敏锐的观察力,从记住他人的身份和相貌开始

除了要主动呼唤他人的姓名之外,在多人相处的时候,如果他人经常呼唤一个姓名,我们还可以循声去认知回应呼唤的人,从而对其进行认真细致的观察,也就可以把知人识名做到极致。尤其需要注意的是,不要觉得称呼别人是不礼貌的,孩子们除了和长辈在一起不能直呼其名,和其他小伙伴在一起的时候,可以彼此以姓名相称,这样才会显得更加亲近,也更加熟悉,有助于友情的建立和发展。

趁着过年放假,妈妈邀请两个朋友带着全家人来家里做客,一起玩耍。早晨十点多,大家都准时到达,三家人在一起很热闹。一个朋友的孩子叫可乐,另一个朋友的孩子叫果果。甜甜第一次认识这两个小伙伴,所以甜甜对于可乐和果果还不能准确区分。她如果认真去想,就能想起可乐和果果的名字,如果一着急,就会把她们的名字颠倒。这不,甜甜又把果果喊成可乐,果果对此很有意见,对甜甜说:"甜甜,我是果果,不是可乐,她才是可乐呢!"甜甜无奈地看着可乐和果果,说:"你们很像啊!"有一阵子,甜甜为了避免出错,不再喊可乐和果果的名字,但是她再次称呼她们姓名的时候,错误的概率更高了。

几位妈妈在一旁看着,觉得很有趣。这个时候,甜甜妈妈提醒甜甜:"甜甜,你每次和可乐或者果果说话,都要喊她们的名字。只要坚持这么做,你很快就会真正认识她们的。"另外两个妈妈也助力甜甜,对各自的孩子说:"从现在开始,你

们互相说话也要喊名字，这就像是在告诉甜甜你们分别叫什么名字一样，好吗？"在几位妈妈的齐心协力之下，甜甜渐渐熟悉了可乐和果果的名字。到了下午，他们已经在一起玩了大半天的时间，甜甜对于可乐和果果变得越来越熟悉，再也没有出现喊错名字的情况。

很多时候，我们之所以忘记他人的名字，不是因为他人的名字很拗口，不容易记忆，也不是因为我们的记忆力不好，而是因为我们在与对方初次相识的时候，没有全力投入地用心倾听对方的名字。有些人因为马虎而把他人的名字听错，就连记住的名字都是错的，则在与他人见面的时候难免会闹出尴尬。

当然，有的时候我们与他人仅有一面之缘，而且才刚刚认识。其实，对于一个才认识的人，如果忘记了对方的姓名，并不奇怪，而且也不会被对方怪罪。在这种情况下，不妨直接问对方他的名字，通常情况下对方对此不会有意见，如果真的有些不悦，也不会表现出来。人人都知道记住名字是很难的事情，我们要做的不是逃避，而是勇敢面对困难。尤其是孩子正处于学习和成长的关键时期，在学校里和外出玩耍的时候，难免会认识很多人。与其因为记不住对方的名字而感到尴尬或者无奈，不如想方设法记住对方的名字，这反而会起到良好的效果。

第08章 培养敏锐的观察力，从记住他人的身份和相貌开始

姓名也可以使用联想法进行记忆

除了采取发现和记忆相貌特征的方式记住对方的名字之外，我们还可以对姓名本身展开联想。前文说过，每个人的名字都有一定的含义，我们既可以问问对方他们的名字有什么深刻的寓意，也可以在与对方还不太熟悉的情况下，通过自己赋予对方的名字以深刻的含义，从而帮助加深记忆。有的时候，如果想不出来他人的名字有何深刻的意思，还可以借助于读音来加强记忆。正如一位伟人所说的，不管是黑猫还是白猫，只要能抓住老鼠的就是好猫。同样的道理，不管是采取怎样的方法针对姓名进行联想，只要联想能够帮助我们加强记忆，记住姓名，就是好方法。

有人说想象力是天马行空的，实际上以联想的方式帮助记忆，也可以天马行空。例如有个人叫高强，我们就可以联想到他长得高大强壮，就像大力士；有个女孩叫娇娇，我们就可以联想到娇娇总是娇滴滴的，就算看到一只毛毛虫也会马上吓得尖叫起来；还有人叫马化腾，就可以联想到这个人很有能力，居然骏马奔腾，直接能得要上天了……这些联想都是基于我们的自身经验才能做到的，为此，人生阅历和经验越是丰富，也就越能张开想象的翅膀尽情地联想；联想越是形象生动，也就越是能够助力我们的记忆，帮助我们真正准确、有效地记住他人的姓名。

除了姓名的含义、谐音之外，还有些人的名字可以勾勒出画面。尤其是在西方国家，很多人的名字里的组成部分都代表一定的含义，如瘦弱、轻薄、沉重等。结合名字的读音马上就能联想到他人的模样，或者记住他人的特征，从而就能激励自己更加用心地记住他人的名字，对于促进人际关系更进一步发展大有裨益。

在这个世界上，同名同姓的人很多，这也就导致了重名。当你刚刚认识的一个人恰巧与你的女儿一样都叫娜娜，或者恰巧与你的闺蜜一样都叫刘倩，你还无法记住他们的名字吗？只要努力认真，联想到自己的身边有同样名字的另一个人，脑海中马上浮现熟悉的那个人的样子，这样一来记住刚刚认识的人也就水到渠成，理所当然。当然，拥有相同名字的、熟悉的人未必仅仅局限于家人或者朋友，也可以是一个知名影星。例如，当你认识一个人叫吴奇隆，而作为小虎队粉丝的你，会无法记住对方的名字吗？只要看到对方，你马上会想起吴奇隆，进而想到对方的名字也叫吴奇隆。这既有趣，也很神奇。

如此想来，在记忆他人名字的时候，我们可以和很多事情产生关联。例如如今有很多孩子的小名都是食物，诸如樱桃、苹果、小辣椒等，这些都可以以食物作为联想进行记忆。还有人的名字里带有贵重金属，如钢、铁等，那么就要把对方与金属联系起来。总而言之，世界上所有的东西都可以与名字进行关联，促进记忆。

第08章 培养敏锐的观察力，从记住他人的身份和相貌开始

最近，乐乐认识了一个新朋友，叫丁丁。他们是在麦当劳里认识的，所以乐乐对于丁丁的名字一下子记忆得没有那么牢固。有一次，乐乐在放学回家的路上遇到丁丁，他看到丁丁觉得很眼熟，但是无论怎么努力都无法喊出丁丁的名字。这个时候，他突然想起认识丁丁那天是圣诞节，为此脱口而出："你是叮叮当当！"显而易见，丁丁对于这个名字很喜欢，当即笑起来，说："我还是圣诞老人呢！"就这样，乐乐和丁丁更加熟悉和了解，最终成为了好朋友。

乐乐认识丁丁那天正好是圣诞节，又想起圣诞老人在圣诞节里会驾驶着马车叮叮当当地去到各家各户赠送礼物，所以乐乐虽然忘记了丁丁的名字，却对叮叮当当记忆很深刻。那么自然，在想起来叮叮当当之后，乐乐就会想起丁丁的名字。这样的联想记忆效果非常好，是有助于孩子们之间形成良性互动的。

当然，孩子们并不总是记不得他人的名字，有的时候，孩子们也会面临被叫不出名字的尴尬。其实，我们只要想一想自己是多么努力地记住他人的名字，却依然有记忆断片短路的时候，就能理解他人为何记不住我们的名字，而只是热切友好地看着我们。这种情况下，为了快速消除尴尬，不妨再进行一次自我介绍，一则表现出我们的宽容大度，二则也表现出我们的友好和热情。相信当我们宽容地理解和体谅他人，就一定能够与他人之间建立良好的关系，也一定能够和他人真正成为朋友。

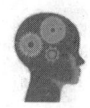

人与人的一切关系都是相互的，孩子虽然小，但是感觉很敏锐。很多父母都觉得孩子还小，不必拘泥于世俗的礼仪，实际上越是小孩子越是应该讲礼貌，越是应该养成良好的行为习惯，这样有朝一日长大了，曾经的孩子们才会养成好习惯，才会与他人之间进行良好的互动和沟通。尤其需要注意的是，父母是孩子的榜样。作为父母，当着孩子的面与人相处的时候，一定要更加认真用心，才能给孩子树立积极的榜样。如果父母总是想不起来他人的名字，总是对他人"哎"来"哎"去的，则孩子渐渐地就会形成错误的认知，觉得不记得他人的名字并非多么严重的事情。从心理学的角度而言，很多事情我们并非做不到，只是因为不够重视，所以内心非常懈怠。与其等到他人有意见，再去试图弥补与他人之间的关系，不如从现在开始就努力培养孩子的好习惯，让孩子懂得礼貌待人的道理，也在记住他人姓名的过程中，努力提升自己的记忆力，让自己在人际交往中表现更好，真正受到他人的欢迎。

第09章
几个常用记忆法，帮助孩子推开记忆之门

记忆是要讲究方式和技巧的，如果不得法，就会让记忆变得很艰难，效果也会很差。虽然在进行记忆的过程中要下苦功夫，把功夫下到位，但是掌握合适的方式与技巧也非常重要。尤其是对于孩子们而言，正处于学习阶段，需要记忆的东西很多，在这种情况下，就要更加有的放矢进行记忆，才能让记忆事半功倍。

第09章 几个常用记忆法，帮助孩子推开记忆之门

利用场景进行记忆

记得很小的时候看过一部琼瑶阿姨的电视剧，女主角带着女儿被婆家人嫌弃，也许是因为爱上了不该爱的人，所以在带着女儿离开婆家的时候从牌坊下面走，被很多人围观，扔鸡蛋、扔石头等。小小年纪的女儿目睹妈妈经历这么可怕的遭遇，从此患上心理疾病，再也无法从心的囚牢中走出来。在那个时代里，根本没有这么多厉害的心理学家，后来有个人想到小女孩是在牌坊受到刺激才会自闭的，为此重新找来很多人，配合演出当年的那一幕。女孩原本呆滞无光的眼神，在看到妈妈又被人打骂之后，仿佛回到了思维受到刺激而中断的那一天，居然从自我的恐惧中逃离出来，冲过去紧紧地抱着妈妈。当然，时至今日对于其中的情节已经记忆得不是那么清晰，但是有一点毋庸置疑，即这是运用了场景唤醒记忆。

从这个事例中可以看出，很多人对于场景的记忆非常深刻。尤其是当相同或者相似的场景发生时，他们很难控制住自己的情绪，也常常会情不自禁陷入场景之中。因此，为了提升记忆能力，我们完全可以利用好场景记忆，从而起到最佳的记忆作用和效果。其实对于大多数人而言，视觉、痛觉和感觉，都是至关重要的，因为这三种形式是记忆存在的主要形式。为

了有效提升记忆能力，就要抓住这三种形式的感觉，才能全力以赴增强记忆力，让记忆更加水到渠成，事半功倍。

最近，娜娜老师正在教授班级里的同学们学习一篇新课文，这篇课文是关于名胜古迹的游记，需要同学们进行通篇背诵。娜娜当然知道这样的课文背诵起来难度很大，因为都是介绍风景和历史的，孩子们读来未免感到枯燥乏味。如何才能帮助同学们更好地记忆呢？思来想去，娜娜决定采取生动的记忆方法，让同学们恍若身临其境。

这一节课，主要的任务就是带领孩子们理解和背诵课文。平日里，娜娜喜欢填鸭式教学，也总是板着脸面对学生们。所以这节课上，娜娜首先要战胜的困难就是自己的内心，因为她必须带头活跃气氛，才能让上课的效果更好。在对上一节课的知识进行巩固之后，娜娜对孩子们说："接下来，我们要尝试一种崭新的方式背诵课文。课文中，作者文采斐然，观察细致入微，而且按照一定的顺序在描述自己看到的情景。接下来，老师会声情并茂地朗读课文，希望同学们能够闭上眼睛，跟随老师的朗诵幻想自己看到了怎样的情形。"经过几次练习，孩子们似乎真的跟随作者一起来到了名胜古迹。这个时候，娜娜提出更进一步的要求："现在轮到你们当作者，身临其境对景色进行介绍。"说着，娜娜还示范给同学们看：如何才能当好导游。刚刚接触这样新鲜的学习方式，同学们都觉得有趣，有些同学一边尝试着像导游一样加上动作介绍景区，一边忍不住

第 09 章 几个常用记忆法，帮助孩子推开记忆之门

笑起来。经过几次练习之后，同学们渐渐地习惯了这样的方式，而且意识到采取这样的方式非常有助于背诵课文，为此把课文背诵得越来越好。就这样，原本每次通篇背诵课文都需要很长的时间才能让同学们的达标率进行提升，这一次，居然才一节课下来，就有超过一半的同学已经彻底把课文背诵下来了。当天，娜娜安排背诵的作业督促孩子们回到家里进行复习和巩固，次日又有更多的同学能够背诵课文。这一次，是全班同学背诵课文最为顺利的一次。

还记得小时候上语文课吗？当时条件没有那么好，现代化教学手段还没有普及，为此，每当遇到写景状物等文章，老师都会拿出一张大大的教学用图挂在墙壁上，从而帮助同学们理解课文内容，形成直观的感受。也有些课文是记人或者写事情的，就会有很多情节在里面，为此老师还会组织同学们进行表演，通过角色配合和对话，来提升同学们对于课文内容的深入理解和感受。这样双管齐下，目的就在于利用课堂上的短暂时间，最大限度帮助孩子们加深记忆，加强了解，从而使得学习更加深入和高效。

对于人们而言，当身临其境，就会产生综合的感觉，为此非常有助于加强记忆效果。否则，如果对于需要记忆的内容根本不了解，也没有切身的感受，更没有眼见为实，则要想顺利记下来是很难的。乍听起来，利用场景加深记忆的方法也许有一定的难度，其实世上无难事，只怕有心人。只要有心、用

心，总是可以找到合适的方法解决问题，也总是能够利用现有的条件创设一定的情境。当然，如果孩子所需要记忆的内容就和身边的景色有关系，例如北京地区的孩子学习到关于天安门或者长城的文章，那么就可以去天安门看看，也可以亲自爬长城，亲身去感受长城的壮观。这样的亲身经历，比起所谓的幻想当然效果更好，不过因为受到很多外部因素的制约，所以未必能够很容易实现。

随着网络的发达，要想重现某种场景，还有很多方式可以尝试。例如通过在电脑上观看某个事件的视频，或者通过回看电视节目，也可以实现。在如今这个时代里，信息传递的速度非常快，而且各种影音资料也特别丰富。当你去到电影院，不但有3D影片，还有4D影片，甚至电影院里还能营造出电闪雷鸣的效果。不得不说，时代的发展让场景记忆有了更多的用武之地，也让场景记忆的效果大大增强。

利用图形助力记忆

曾经有心理学家经过研究发现，人们对于以图形方式呈现的内容，记忆效果比对文字的记忆效果更好。众所周知，记忆力对于孩子们学习有着重要且深远的意义，而且任何学习方式归根结底都需要进行记忆，而记忆也作为学习效果的直接证据，地位日益提高。如今的社会中，有很多机构专门进行记忆力培训，正是因为有太多的人意识到记忆的重要作用，也为此愿意投入更多的时间和精力，付出长久的辛苦和努力。

所谓记忆，从本质上而言，就是对已经拥有的经验进行存储，并且提取其中最为重要的内容牢牢镌刻在心里。在学习方面，理解和记忆能力占据着大半江山，一个孩子即使天赋很强，却无法有效记忆，则学习的效果也会大打折扣。

为了帮助孩子们增强记忆的效果，提升记忆的能力，很多心理学家都曾经进行过研究。最终发现孩子们更擅长识记各种图形，因为他们对于图形更为敏感。通俗地说，所谓利用图形进行记忆，就是以图形作为工具，帮助孩子们加深记忆。当然，有的时候针对所学习的内容并没有现成的图形可以使用，那么就需要老师和孩子们亲自动手去制作图形。除此之外，还可以根据所学习的知识绘制思维导图，这也是很不错的选择。人，本能地对于形象直观的东西拥有浓郁的兴趣。在学习的过程中，我们也就要学会顺应自身的天性，顺势而为把很多事情做得更好，而不要总是违背自身的本性，导致自己在成长和学习的过程中面对各种困境，也变得越来越被动和无奈。

其实，思维导图是最有助于记忆的。因为思维导图不是原本就有的，而是我们根据所学习和掌握的内容制作出来的，在这一过程中，就已经对一些知识进行了深入的思考和了解，从而才能在制作思维导图的时候，再将其外化出来。这样的消化

过程，对于加深记忆有着很大的好处。良好的思维导图，不但能够对知识点进行梳理，而且还有助于深刻理解和强化记忆，可谓一举数得。需要注意的是，孩子们绘制思维导图的能力还不够高，所以在对孩子进行指导的时候，要根据孩子们所学习课程的难易和孩子们自身发展的能力，对孩子们有针对性地进行引导。俗话说，罗马不是一天建成的，胖子也不是一口吃成的。做任何事情都要遵循循序渐进的原则，才能有的放矢推动前行。

不要以为图形记忆的策略只适用于文科类的学习，尤其是思维导图的制作，实际上适用于不同的学科和不同年龄段的孩子。从最简单的思维导图到最复杂的思维导图，之间有着阶段的悬殊和差距，既然如此，就不要觉得年纪小一些的孩子无法进行思维导图的绘制，而是要更加信任他们可以把很多事情都做得非常好。哪怕是对于那些抽象的内容，如果可以利用思维导图进行绘制，也会起到很棒的效果。

在图形记忆策略中，图形作为帮助记忆的载体起到非常重要的作用，为此不要忽略对于图形的选择和制作，也可以说只有把图形做得好，才能使其起到积极的作用和效果，否则就会导致事与愿违。当然，不管是选择图形还是记忆图形，都要建立在熟练了解和掌握知识的基础上，否则只是空洞地去做，并不能掌握其中的要领，会让一切变得很糟糕。

当孩子最开始学习应用题的时候，图形将会帮他们的大忙。看起来只有几句话的应用题，对于孩子而言却传递了很多的信息，只靠着眼睛看，孩子们往往无法对这些信息捋得清。如果学会画线段图，则会起到很好的效果，让孩子对于应用题传递的信息一目了然。这样一来，孩子的思维自然会更加清晰。

不仅孩子们要学会图形的方式加深记忆，很多时候老师在课堂上也会以图形的方式进行板书，从而为同学们提炼出知识的要点。这样一来，同学们一边听讲，一边可以进行简单的记录，会让听讲效果更好。

总而言之，人的大脑是一个非常复杂精密的"仪器"，并非只会进行简单的机械记忆，在必要的时候，适当采取图形的方式让内容变得更加逻辑清晰、一目了然，对于学习也会起到积极的作用和效果。而且，很多孩子都喜欢绘画，那么为何不让孩子们把绘画的能力发挥在学习上，从而对于学习产生良好的促进和激励作用呢？记住，这里所说的图形并非只是狭义的图形，也包括广义的图形。所谓的图形也并不单单指的是绘画角度的图形，还包括思维导图等各种有助于提升学习效果的工具等。此外，富有美感的图形还能让孩子们在学习的时候感受到美感，让孩子们一边识记知识，一边得到美的享受，情操得以陶冶，思路得以整理和疏通，何乐而不为呢？俗话说，书山有路勤为径，学海无涯苦作舟。学习固然需要勤奋刻苦，也需要讲究方式方法，这样才能在付出之后得到回报，有所进步，也才能获得想要的结果和收获。

观察细致，记忆才深刻

说起观察，孩子们都不会感到陌生，尤其是有些孩子的观察力非常细致和敏锐。细心的父母会发现，那些马大哈的孩子做起事情来总是三心二意、丢三落四，很难起到良好的效果，而那些认真细致的孩子则不但能够把各种事情记得很牢固，而且对于事情的细节也能够铭刻在心，实现深刻地记忆。从这个微妙的现象不难看出，记忆力是否深刻与观察能力是否细致有着密切的观察，要想提升记忆力，就要积极地进行观察，从而让观察入木三分。

如果你曾经看过铁匠工作，就会知道打造一把在《舌尖上的中国3》走红的章丘铁锅，需要两个人互相配合无数次抡起锤头打砸，也需要无数次把铁锅放在红通通的火里锻造和烧铸。否则，如果不能做到这一点，就无法打造出一口上好的铁锅。打造一口锅尚且如此困难，那么，做其他的事情呢？其实，一件事情不管是大还是小，都同样需要我们付出加倍的努力，更加用心专注，才能让事情水到渠成。所谓一分付出一分收获，有的时候，即便付出了也没有收获，但是如果没有付出，则一定毫无收获。为此我们要做的就是全力以赴做到最好，而不要总是奢望不劳而获，更不要总是奢望一蹴而就获得成功。

观察是记忆的基础，如果一个孩子观察力很弱，哪怕费尽周折把所看到的内容记下来，最后却发现是错的。这就像是用彩泥塑造一个动物的造型，费尽心思做完了，却发现模板用错了，那么只能把一切推翻了重新来过，甚至还不如一张白纸的状态更容易进行记忆。因为此时此刻的记忆要先纠正错误的，再来掌握和记忆正确的。

现实生活原本就是非常平淡的，很多事情都无法使人感到惊奇，而每个人主观上的感受，则使得客观的一切被赋予感情，赋予跌宕起伏的曲折。人人都要在主观上用心观察，也要调动内心深处潜藏的记忆力，这样才能把更多的事情看得更加认真细致，做得更好。

再如，一个人之所以能从银行里提取出来现金，是因为他此前在银行里存入了钱。反之，假如他从未把钱真正存入银行里，则根本不可能从银行里取出来钱。记忆就像是我们的银行，如果我们从来不曾把很多东西存入脑海中，就无法从脑海中把东西提取出来，而存入的过程就是通过观察来实现的。当然，观察之后进行记忆，可以分为两种。一种是主动的记忆，即主体主动自发去记忆，带有很大的积极性，是有意识的。另一种是被动的记忆，则主体被动地进行记忆，完全是因为对于某个人或者事情的记忆力特别深刻，所以才会情不自禁地记忆在心，遇到事情时会想起来。毫无疑问，和被动记忆的不确定性相比，主动记忆更加明确，也是可以掌控的。当然，要想更多地进行主动记忆，就要进行深刻细致的观察，从而加深印象，让记忆更加水到渠成。

当然，要想过目不忘是很难做到的，针对这一点，心理学家曾经进行过实验，发现哪怕是经过大量训练提升记忆力的观察者，也无法把他目睹的事物完全描述出来。通常情况下，这是因为人们的观察不够细致，对于事实真相的认知并非完全有把握导致的。很多孩子习惯看侦探片，就会发现警察破案的时候之所以困难重重，是因为作为见证者的人们总是无法准确阐述他们所看到的一切，甚至还会在描述过程中自以为是地添油加醋，补充细节，结果非但没有起到帮忙的作用，反而还会成为警察做出判断和推理的干扰项，导致断案的过程延迟。

父母要有意识地提升孩子们的观察力，可以在进行观察之前，就告诉孩子们尽量看得更加认真细致，这样记忆才能更加深刻。这么做，可以帮助孩子们有目的地进行观察，也可以有效率地提升孩子们的记忆内容，帮助孩子们加强记忆。在低龄阶段，孩子们的记忆力主要以机械记忆为主，这也是才几岁的孩子就可以背诵古诗和儿歌的原因。他们在背诵古诗的时候，未必了解古诗的意思，只是硬生生地把古诗背诵下来。而随着不断成长，孩子们从机械记忆渐渐发展到理解记忆，这也就意味着他们要想更快速准确地记住一些东西，就要对这些东西有所了解，有所感受，从而调动自己的人生经验来对该事物进行更加深刻的感知。

观察赋予了很多原本冷冰冰的事物以活力，让这些事物变得更加鲜活，更加具有生命力。伟大的科学家达尔文认为他之所以能做出伟大的成就，并非因为过人的天赋，只是因为他很善于观察而已。不得不说，观察力与人的智商高低之间有着密不可分的联系，一个人观察能力越强，智商也就越高。否则，观察能力越弱，智商也就越低。为此，引导孩子进行认真细致的观察，不但有助于增强孩子的记忆力，而且还有助于提升孩子的智商和情商。

卓越的观察力让我们有着卓越的发现，也让我们在与外部世界接触的时候，始终都能伸出触角，做出最好的表现。看到这里，我们会更加深刻地意识到观察力的重要作用，也理解了为何观察错误会导致严重的后果。那么，观察为何会出现错误呢？一则是因为很多事情都非常复杂，必须认真细致才能透过现象看本质。二则是因为观察的时候不够认真信心，总是敷衍了事或者三心二意。三则有的时候，观察到的结果会与我们固有的人生经验与感悟发生猝不及防的对应，使得我们无法做到真正客观。人人都带有浓重的主观色彩，而对于很多需要认真观察和客观评价的事物，都要有意识地让观察更加中肯，避免迫不及待就从主观角度出发对看到的一切进行思维加工。很多人都知道死胡同，那么当思维走入死胡同之中时，就会无法逃离，也会无法回头。有些孩子因为缺乏自信心，还会表现出盲目从众，总是人云亦云，根本没有主见，哪怕对于自己亲自观察出来的结果，他们也不那么坚定地相信。

那么，孩子们要如何观察才能起到最佳的记忆效果呢？首

先，观察前要确定观察的目标，知道自己为何观察、想要得到怎样的结果。只有做到心中有数，才能做到有的放矢。其次，正式开始观察前要做好一切的准备工作，而不要在观察的过程中动辄就放下正在观察的事物，临时去做准备，这样只会打乱观察的思路，也会导致观察半途而废。再次，养成专注的好习惯。良好的专注力，能够让孩子们长时间投入于观察，而不是看到什么就截取片面的结论，导致如同盲人摸象一般根本无法得到真正的收获。最后，好记性不如烂笔头，不要对于自己的记性盲目乐观，而是要认识到每个人的记忆能力都有差别，有的时候，与其自以为记住而后完全忘记，还不如勤奋一些，拿起笔来把必须记住的东西都记在笔记本上，从而形成备忘，这才是更靠谱的。总而言之，观察一定要认真细致，非常全面，而不要总是在观察之后却没有达成预期的目的，更没有起到预期的效果。

古人云，一屋不扫何以扫天下。这告诉我们做事情要从小事开始做起，观察也要做到细致入微，这样才能起到最佳的作用和效果，也才能争取让观察事半功倍。一个观察力敏锐的孩子，不但很善于沟通，而且还很善于写文章。例如，有的孩子看到日出，只会说"太阳出来了"。而有的孩子则看到了太阳红彤彤的脸庞带着笑意，把周围的云彩都照射得泛出红光。也看到在阳光的照射和抚摸下，小草在尽情地舒展身体，伸懒腰，而花朵则贪婪地吮吸着露珠，生怕露珠变得不见了。如果说一千个人眼里就有一千个哈姆雷特，是因为每个人的文学鉴赏能力不同，那么一千个人眼里就有不同的一千个世界，则首先是因为人们的观察能力不同。

人们常说见多才能识广，我们要说唯有观察细致，才能获得正确的印象，也才能真正提升和增强记忆力。越是孩子，越是应该从小养成认真观察的好习惯，这样才能让孩子的学习如虎添翼，才能让孩子获得快乐的成长和伟大的成就。

联想，让记忆更强大

当面对一个全然陌生的东西，你甚至不知道这个东西为何物，更无法从已有的生活经验中找到触发点，与这个东西之间进行合理的联系，那么你很难与这个东西之间建立任何微妙的关联，这样一来你记忆这个东西的就会变得很困难。很多孩子喜欢阅读文学作品，那么在阅读西方的小说时，感到最痛苦的一件事情就是记不住外国人一连串的名字。在中国人看来，外国人的名字在被翻译成中文后，没有任何含义。为此现在有很多国际友人来到中国，都会给自己起一个中国名字，显得更加入乡随俗，也有助于人际关系的建立和发展。

人的记忆有很多的特性，既可以根据图形进行记忆，也可以发挥联想的巨大作用，进行记忆。运用联想进行记忆的方

法，从心理学的角度而言，还可以叫作链条记忆法，这个叫法非常形象，因为记忆中的很多东西真的如同链条一样，环环紧扣，如果其中有任何一环脱节，就会导致整个记忆链都出现严重的问题。

联想记忆最大的好处就是利用已经掌握的知识或者已有的经验，把需要记忆的新的知识点和内容，与已经牢固记忆的知识点和内容联系起来。即使有朝一日新的知识点因为遗忘即将掉落悬崖，牢固掌握的知识也可以向新知识伸出援手，紧紧拉住新知识。

当然，采取联想记忆法进行记忆，也是要讲究方式方法和技巧的。举个最简单的例子来说，如果把风马牛不相及、八竿子都打不着的事情放在一起进行记忆，因为这些事情之间缺乏联结点，所以记忆的效果往往不会很好。因此，当学习和记忆新的内容时，我们要在记忆的宝库里寻找与新内容最息息相关、联系紧密的事物，这样才能让事物与事物之间更好地相互触发，不管想要记起记忆链条中的哪一个事物，都可以从另外一种事物着手，从而成功地激发记忆，让记忆变得更加生动和形象。

从生理的角度而言，这种联想记忆法记忆下的相关事物之间，就像形成了条件反射一般，只要说起其中的一个事物，另外一种事物就会马上呈现。而联想记忆的目的，就在于在更多的新知识和旧知识之间建立联结，形成条件反射。当孩子们的记忆库里充满了这样的条件反射般的联结,孩子们的记忆力就会大大增强,记忆的效果也会更加显著。

在最近的一次月考上,语文试卷上有道题目,询问不同的传统节日分别是哪一天。乐乐有好几道题目都没有回答出来,为此妈妈当即要求乐乐必须记住这些传统节日具体的日期。可是,小吃货乐乐记时间尤其艰难,毕竟时间就是一个日子,是很枯燥的数字。反复学习好几遍,他还是无法顺利回答出所有的传统节日。

妈妈看到很着急,提醒乐乐:"乐乐,你要想办法记啊。否则现在语文学习越来越灵活,如果你连传统节日都不知道,当然会被打上大大的叉号,成绩也会严重下滑。"乐乐抓耳挠腮:"我已经很努力啦,妈妈!"在检查之后,妈妈发现乐乐还不能记住中秋节和端午节、重阳节。妈妈问乐乐:"乐乐,你不是最爱吃粽子么!而且,到了端午节还赛龙舟呢!其实端午节很好记,因为小妹妹的生日就是在五月份,你只要想着双五就是端午即可。当然,双五不是十,而是五月初五的意思。"虽然妈妈的话乍听起来很牵强,但是乐乐最爱小妹妹,因此提起小妹妹的生日,他当即兴奋地表示:"我还要送给妹妹礼物呢!"就这样,乐乐记住了五月初五。

后来,妈妈对乐乐说:"在传统节日中,还有一个节日也是这样的,月份和具体的日子相同,那就是九九重阳。"乐乐听到妈妈的引导,感到非常新鲜:"真的呢,妈妈,这两个

日子都很有趣,都是月份数和日子相同。"妈妈点点头,说:"看看吧,你从小妹妹的生日记下了端午节,又从端午节记下了重阳节。接下来,就只剩下中秋节了。其实,中秋节最好记,因为你爱吃月饼。月饼圆圆的,就像打入银盘的月亮挂在天空中一样。那么,中秋节既然是中,为何在八月份,而不在七月份呢?这是因为阴历和阳历不同,阴历是按照节气等进行时间划分的。八月十五,正值秋高气爽,天空非常清澈,每个人都可以看到超级月亮挂在天边。或者,你也可以采取另一种方式,认为八是发的意思,而八月十五,就是大家都要发财,都要在月圆的时候回家团圆。"乐乐恍然大悟,连连点头:"妈妈,你可真能扯,就记个日子,居然说出来这么多。"妈妈看着乐乐揶揄的表情,也忍不住笑起来:"当然,不说出这么多,你怎么能记住呢?"虽然妈妈的方法看起来很笨拙,只是为了记住几个日子,妈妈就洋洋洒洒说了这么多。实际上,这样的铺垫和关联,正是为了让乐乐能够顺利记住互不相干的日子而做准备的。

联想记忆固然会让我们更轻松地学习和记忆新的知识,但是要想把联想记忆运用得恰到好处,并非轻而易举的事情。孩子们唯有在日常的学习中就努力认真地记忆,点点滴滴地积累,才能让自己的脑海中有更多的知识可以作为联结的触发点。试问:假如孩子本身什么都不知道,既没有掌握知识,也没有太多的人生经验,如何才能与新知识之间建立联结呢?因此，要想实现更好的记忆效果，孩子们就要掌握更多的知识，获得更多的经验。

当然，记忆力的提升从来不是一蹴而就的事情。孩子们正处于成长的关键时期，需要学习掌握和记忆的内容有很多。必须要把握好进步的节奏，不要总是急功近利。否则，就会欲速则不达。

视觉的直观性有助于记忆

很多父母都为孩子上课的时候效果不佳而感到苦恼，根本想不明白为何自家孩子和别人家的孩子一样坐在课堂里，听着同一个老师讲课，但是别人家的孩子学习总是能够得到提升，而自家孩子的学习却始终处于落后的状态。其实，关于课堂的学习效果，除了孩子是否能够集中注意力听老师讲课之外，还在于孩子是否能够集中眼力看老师的板书。这里所说的看板书可不单纯是把黑板和字看到眼睛里这么简单，而是能否凝神细看，把看到的东西印刻在心里。如果孩子具备这样的专注力和视觉记忆力，那么对于老师的板书就可以做到过目不忘，也可以最大限度提升课堂上听讲的效果。

不要觉得孩子的记忆力天生不好，而是要意识到孩子的记忆力关系到各个方面。具体而言，眼睛看到东西是一个录入的

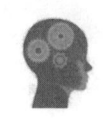

过程，接下来要把这些东西存储到作为硬盘的大脑上，再把这些东西进行理解和记忆，才算是真正掌握。很多孩子只进行到第一步，却也没有完成很好，因为粗心大意使得他们并没有精确地记住看到的东西，反而会出现丢三落四的毛病。只有在保证录入正确的情况下，才能把所得到的一切全都印刻在大脑中，实现记忆。我们这里所说的视觉记忆，就是要在录入和存储到硬盘的手续中，加强效果，这样才能保证孩子可以把更多的信息看到眼睛里，记在心里，从而卓有成效增强和提升记忆力。

从心理学的角度而言，所谓视觉记忆，就是信息通过特定的通道进入孩子们的脑海中，孩子们经过对这些信息的加工、理解和记忆，深刻了解这些知识，在需要的时候再把这些知识提取出去，起到最佳的记忆效果，也能让知识学以致用。随着视觉记忆力的形成和不断发展，孩子们不但在记忆方面会有更大的进步，而且思维能力和理解能力都会取得长足的发展。反之，假如孩子的视觉记忆力很弱，那么不管是看书还是看黑板，在识记知识点的时候，都不会取得很好的学习和记忆效果。

乍看起来，视觉记忆尽管首先依靠眼睛当信息采集器，但是大脑是否真的能够记忆各种知识，主要还是取决于意识能否牢固记忆视觉信息。由此可见，视觉记忆实际上是眼睛和意识综合作用的结果，要想提升视觉记忆，我们就必须努力提升自己的眼力，让自己看任何东西都更加认真细致，更加清晰具体，这样得到的视觉信息才能在脑海中固化起来，也才能具有更加深刻的印象，得到更加灵活的运用。

现在的孩子们因为学习压力太大，学习任务繁重，也因为经常会接触电子产品，所以常常会出现近视眼的情况。不得不说，孩子一旦患上近视眼，眼睛很容易疲劳，而且看东西也常常模糊不清。为此，父母要有意识地引导孩子保护好眼睛，这样才能让孩子的眼睛更加明亮，从而对看到的很多东西都能留下深刻的印象。当然，良好的视力是眼神敏锐的一个关键因素，要想对于看到的内容印象深刻，更重要的在于集中注意力。其实注意力是可以提升的，如果日常生活中总是漫不经心，做什么事情都三心二意，则注意力会越来越差。这完全符合人们日常所说的，脑子越用越灵活，而如果不经常使用，就会"生锈"。为了提升注意力，在日常生活中，父母们就要经常有的放矢地训练孩子记住一些东西。例如，可以在桌子上摆放几件物品，在孩子看完之后用布盖起来，然后拿走一件东西，再考验孩子能否说出少了些什么东西。这个游戏一开始不宜太难，否则会打击孩子的自信心和积极性，而是应该根据孩子的能力和记忆力水平合理地设置游戏，这样才能循序渐进帮助孩子增强记忆力，提升记忆效果。

平日里，父母在和孩子一起外出的时候，还可以考验孩子能否通过视觉记忆把很多东西记下来。例如，开车慢速行驶的

时候，对于显示屏上的一句话能否完全复述；在路过一家饭店或者商场的时候，能否把看过的广告词说出来等。这些生活中随时都可以做的事情，都能对提升视觉记忆力起到良好的效果。

在观察一件事物的时候，当我们把所有的注意力都集中在这件事物上，而且通过强烈的意识要求自己必须记住这些东西的独特之处时，我们就可以做到牢记。与其说这是因为有着好眼力，不如说这是因为我们全神贯注，心无旁骛。为了加深记忆，我们还要在观察事物的过程中更加认真细致，发现具体的事物独特之处，这样是有助于增强记忆效果的。

第 10 章

调整自身状态，使记忆力精彩绽放

不管孩子本身的记忆力是强还是弱，也不管孩子掌握了多少记忆力的技巧，要想让孩子有更好的记忆状态呈现出来，孩子们在做好上述的记忆准备、学习和掌握记忆的方式方法之后，还要努力调整自身的状态，才能给记忆力的发挥创造良好的内部环境，最终形成超强记忆力，使得记忆力得以精彩绽放。

第10章 调整自身状态，使记忆力精彩绽放

远离焦虑，心情好记忆力水涨船高

心理学家经过研究发现，很多人一旦陷入紧张焦虑等负面情绪中，或者始终都很抑郁，则会导致内心不安，不但身体会出现一系列的反应，如血压升高、情绪异常等，而且记忆力也会出现不同程度的下降。人们受到负面情绪的影响越大，记忆力下降越严重；人们受到负面情绪的影响越小，记忆力下降也就越轻微。不得不说，人体是这个世界上构造最为复杂、灵敏最高的"机器"，任何高精尖的机器都无法与人的身体进行比较。

孩子们正处于学习和成长的关键时期，要想卓有成效地提升记忆力，就要远离紧张焦虑的情绪，调整好自己的心情，这样才能保证记忆力水涨船高，也才能促使记忆力更强大。对于孩子们来说，生活的主要任务之一就是学习，越是在考试即将到来的时候，孩子们越会深刻感受到记忆力的重要性。其实，记忆力远远不止应付考试这么简单的作用，纵然等到长大成人开始工作，我们也依然会发觉记忆力对于生活和工作都弥足重要。

既然心情对于记忆力的影响很强大，那么在切实提升记忆力之前，我们先要做的是缓解焦虑，这样才能让内心放松，也

才能有效地减轻压力。现代社会,很多年轻人都处于亚健康状态,就是因为他们承受着巨大的压力,常常会觉得心力交瘁,也极大限度地透支了心力。因此,越是到了临近考试的紧要关头,父母越是应该帮助孩子放松心情,这样孩子们才会激发自身最大的能量,也真正打造出属于自己的超级记忆力。

李斌是个很强壮的男孩,才上六年级,但是身高已经达到一米七五,体重也已经达到一百四十斤。作为班级里不折不扣的大个子,李斌始终坐在教室里的最后一排,排队时也排在所有同学的最后面。每天中午,当食堂把班级里的饭菜送过来,李斌就会主动干一些重活,为此很多同学都很喜欢李斌,也知道李斌是个热心肠。

正是如此强壮和古道热肠的李斌,每次一到考试的时候就无法控制自己,总是陷入紧张和焦虑之中无法自拔,总是因为担心考试考不好而彻夜失眠。由于吃不香睡不好,李斌越是到了考试前复习阶段,整个人的状态就越差,就连原本作为强项的记忆力也急速降低。有一次考试,李斌因为紧张和恐惧,还把原本记得滚瓜烂熟的课文给忘记了,结果导致考试成绩很糟糕。看到李斌的表现,妈妈恨不得代替李斌去考试,为此更加一个劲地唠叨李斌:"李斌,考试不要害怕啊,有什么好怕的呢!就和平日里做作业一样,不值得害怕,你只要放轻松,成绩至少提升十个名次。"李斌哭丧着脸对妈妈说:"妈妈,这篇课文我以前都会背了,现在却不会了,总是磕磕巴巴的,无法完整地背诵下来。"妈妈激励李斌:"没关系,继续背,只要勤奋,就一定能背下来的。"看着李斌在妈妈的鼓励下更加哭笑不得,满脸焦虑,爸爸对李斌说:"李斌,你为什么害怕考试呢?"李斌听到这个问题不由得愣住了,似乎他从未考虑过这个问题一样。思考很久,他对爸爸说:"我主要是怕考砸了。要是有个神仙保证我每次考试都能得到一百分就好了,我就不害怕考试了。"爸爸说:"李斌,那么你知道考试的目的是什么吗?"李斌不假思索道:"检验前面的学习啊!"爸爸笑了,说:"其实,你只说对了一半。检验前面的学习是考试的重要任务之一,但是考试还有一个更重要的任务,那就是把不会的暴露出来,从而及时学习和巩固,也及时改正错误。如果像你所说的那样每次都考一百分,那么考试这个最重要的作用就无法实现。"

听完爸爸的话,李斌若有所思,良久才恍然大悟:"的确,如果每次都考一百分,就不知道自己哪里学会了、哪里还不会。"爸爸说:"我以前有个朋友是当老师的,还负责出过几次试卷呢!你不知道,老师在负责出试卷的时候,上面是有要求的,即大概让多少拔尖的孩子考取满分,大概让多少中等的孩子暴露出问题,大概让多少孩子考不及格。如果一份试卷考完,所有孩子都不及格,或者所有孩子都满分,那么这份试卷出得就很失败,因为无法在孩子们之间拉出差距来。所以不管你是能考满分,还是会暴露出错误,只要你用心尽力去考

试,爸爸妈妈就不会责怪你。有的时候,在真正重要的考试之前,通过一些小的测试把问题暴露出来,反而是好事情,因为你可以提前改正,迎接重要考试,知道吗?"李斌听懂了爸爸的话,当即重重地点了点头。

在这个事例中,李斌因为过度紧张而导致情绪焦虑,使得记忆力也降低,为此复习遇到了很大的困难。妈妈一味地鼓励和激励李斌,而且对李斌寄予厚望,非但不能减轻李斌的紧张程度,反而让李斌倍感压力山大。而爸爸则洞察了李斌的内心,知道李斌之所以紧张就是害怕考试成绩不好,也似乎担心自己会被爸爸妈妈批评。爸爸从根源上解决问题,告诉李斌考试的重要意义和作用,也表明了自己对待李斌考试的态度,从而真正地帮助李斌解开心结,放下包袱。随着压力的减轻和紧张的缓解,相信李斌的记忆力会水涨船高,这样一来自然会放松心态,在考试前和考试中都有出类拔萃的表现。

分清楚轻重主次,好记性用在刀刃上

在家庭幸福和睦的情况下,大多数孩子的焦虑都是因为学习和考试引起的。然而,学习和考试将会是孩子在学校学习的十几年时间中的常态,为此孩子理应减轻焦虑,以平常心面对学习和考试。否则,就算有朝一日走出校园,在这个提倡终身学习的时代里，也依然要坚持一边工作，一边学习。从某种意义上来说，成人在工作岗位上所承受的压力会更大，内心如果不坚强，就会变得更加紧张焦虑。为此，孩子们一定要从小就摆正心态，从容面对学习。

有个好记性，对于孩子们的学习和成长会起到非常积极且重要的作用。然而，孩子们的脑袋并非无底洞，而是有容量的。如果在短时间内记住太多的东西，非但达不到目标，还会因此导致知识体系混乱。作为孩子，记忆能力有限，所能消化吸收的知识也有限，更要分清楚知识和学习内容的轻重主次，才能把好记性用在刀刃上，也让记忆力发挥最大的作用和最好的效果。

学习并不是要以偏概全，而是要全面掌握知识，但是这并不意味着知识没有重点与非重点的区分。低年级的孩子正处于对学习摸索的过程中，而且所学习的都是基础知识，所以对于所学的内容需要全面掌握。相比之下，中高年级的孩子随着学习能力的提升和学习内容的推进，渐渐地对于学习更加有所掌控，也能够理解更加复杂的学习内容。在此阶段，老师会告诉孩子们哪些知识和内容是需要全盘掌握的，哪些知识和内容是次要掌握的，从而引导孩子们把记忆力用在重要的知识上，实现更加深刻的记忆。

虽然学习的目的不是为了应付考试，但是对于很多孩子而言，他们并不能理解学习的远大含义和深刻意义，而更加注重

在阶段性的考试中考取好成绩。为此，父母要帮助孩子学会应对考试，也要帮助孩子合理安排时间和精力。要知道，孩子们每天都在坚持学习各种知识，但是试卷只有那么小小的一张，无法完全涵盖所有的内容。又因为教材本身的编写也是有侧重点的，所以孩子们也必须有目标、有针对性地去复习。

有很多人都曾经感到奇怪，即自己每当考试来临都如临大敌，认真备考，但是并不能取得特别优秀的成绩，而有的同学到了考试之前反而显得很轻松，并不会争分夺秒地去复习，反而获得了很好的成绩。这是为什么呢？这就是因为前者把记忆力用于记住了很多并不重要的内容，而后者则把记忆力用于记住了很多非常重要的知识点，而且这些知识点恰恰在考试中遇到了。可想而知，这样一来前者与后者的考试成绩会相差非常悬殊。

不可否认，每个孩子的时间和精力都是有限的，他们不可能对于所学的内容面面俱到全都记住。对于有限的时间和精力而言，用在这里的多，用在那里的就少了。俗话说，好钢用在刀刃上，只有把记忆力用在最关键的地方，才能最大限度发挥记忆力的效用，让记忆力为学习所用，收获最好的结果。

很多孩子在考试之前因为紧张和恐惧，复习的时候总是东一榔头西一棒槌，完全没有规划，也没有计划。古人云，凡事预则立，不预则废，说的正是这个道理。为此，孩子们在复习之前应该首先针对每一门课程制订复习清单，在清单上列举清楚各科考试所需要涉猎的不同内容，根据内容的难度和重要程

度分门别类进行复习。当然，对于低年级孩子而言，这项工作需要在父母的引导和帮助下完成。对于高年级的孩子而言，因为自主能力更强，所以可以独立完成。

制订复习清单还有一个好处，那就是每次完成一个项目的复习之后，就可以在相应的位置画钩，这样一来，哪些内容已经复习结束，哪些内容还没有复习，哪些内容需要重点复习，看起来一目了然，绝不会有疏漏，也不会出现有些内容复习了好几遍，而有些内容则连一遍都还没有复习的情况。最重要的是，这样一来记忆力得到均衡的分配和利用，自然能够发挥最大的效应，起到最好的效果。

把握记忆的节奏，对抗遗忘

现代社会，很多成年人都会抱怨生存的压力太大，生活的节奏太快，每天都忙忙碌碌，甚至没有办法按照自己的想法去生活。但是，即便在这样忙碌的状态下，也无法面面俱到把很多事情做好，都是因为时间过得太快，而精力却太少。这样的紧迫感不仅在成人的世界里比比皆是，在孩子的世界里，也随处可见。很多父母因为担心孩子将来生活太过辛苦和疲惫，所以会想方设法帮助孩子，给予孩子全面周到的照顾，与此同时，父母也会对孩子寄予巨大的期望。这样一来，无形中给了孩子巨大的压力，导致孩子面对学习非常紧张和焦虑，为此也就没有时间做到劳逸结合，而是会一味地学习。日积月累，孩子因为过度疲惫，难免精神憔悴，导致学习能力和记忆能力都会受到一定程度的损伤。

尤其是很多孩子固然在辛苦努力，却没有把时间和精力用在刀刃上，而是本末倒置。举例而言，周末，有的孩子在参加语文课的补习之后，马上就会赶往下一个地点参加数学课程的学习，期间别说是及时复习语文课程，就连吃饭的时间都很紧张。这完全不符合艾宾浩斯遗忘曲线给我们的启示。艾宾浩斯遗忘曲线告诉我们，很多事情在记忆之后的最短时间内遗忘最快，而随着时间的流逝，遗忘的速度会越来越慢。因此要想取得最好的记忆效果，我们就要在学习结束之后就要及时复习，这样才能把知识记忆得更加牢固，也才能与遗忘的规律进行对抗。

除了学习新知识需要及时复习以对抗遗忘之外，在进行复习的时候，也要根据遗忘曲线的规律，有的放矢制订计划，进行长久的记忆。这样一来，我们脑海中就会储备更多的知识，等到需要的时候，随时可以把知识提取出来，为我所用，也就可以形成记忆的模式，从而让记忆水到渠成，与此同时记忆能力也会随时增强，记忆水平自然水涨船高。具体而言，在学习新知识之后，次日就应该进行及时复习，然后在五天之后，进行第二次复习。至于第三次复习，则不至于那么紧张，而是要根据遗忘曲线的节奏进行，即在学习新知识之后的第十二天再

第 10 章 调整自身状态，使记忆力精彩绽放

来复习巩固。在第三次复习之后，应该每个星期复习一次，这样随着滚动复习的进行，对于所学习的知识掌握得会越来越牢固，每次复习的时候所花费的时间也会越来越少，对于知识的运用也会更得心应手。

最近，有篇课文很长，但是需要通篇背诵，为此乐乐很发愁。虽然他的记忆力在班级里所有的同学中处于上等水平，但是这篇课文好几百字呢，要想一下子背下来还是很困难的。看到乐乐发愁的样子，妈妈神秘莫测地对乐乐说："乐乐，我教给你一个很有效果的背诵方法，你想学习吗？"乐乐马上警惕地反问妈妈："你不会是想让我抄写吧！"妈妈笑起来："抄写是笨方法，我要教给你的是捷径，绝对可以帮助你节省很多力气。"乐乐带着难以置信的态度："还有这么好的办法吗？"妈妈点点头，对乐乐说："前提是你必须都听我的，我不会让你多干活的，但是你要按照我的办法，才能在付出最少的情况下得到最大的收获。"乐乐没有其他更好的办法，只好点点头。

妈妈对乐乐说："这篇课文是今天刚刚学习的，今天晚上你需要大声朗读二十分钟，而且在读的过程中要尝试着记忆。这二十分钟必须非常高效，如果你觉得二十分钟还不够，可以花费三十分钟时间。你在今天晚上多花十分钟，未来就会节省十倍的力气。"乐乐不知道妈妈葫芦里卖的是什么药，说："我们平日里读课文都是在早晨。"看到乐乐费解和怀疑的样

189

子，妈妈说："你晚上读过背过，这样等到你睡着了，你的大脑也会继续工作，巩固这些内容。"乐乐觉得太惊奇了："这怎么可能呢？大脑还会自己背诵吗？"妈妈毫不迟疑地点点头。乐乐按照妈妈说的去做，次日清晨，妈妈提前十分钟喊乐乐起床，让乐乐再次进行了十分钟的朗读和记忆。

当天下午放学回到家里，乐乐惊喜地对妈妈说："妈妈，我的课文基本都能背下来了，是我们班级里背诵最快的。"妈妈说："事实证明我的方法的确很好。那么，你今天晚上还需要朗读十分钟，再把书本合起来，用十分钟的时间磕磕巴巴背诵，遇到不会背诵又实在想不起来的地方，就打开书本读那个地方，并且将其背诵下来。"这一次，乐乐没有质疑妈妈的建议，而是完全按照妈妈所说的去做。次日清晨，乐乐背诵的流畅程度更高了，不过妈妈却要求他不要背诵，而是照着课文一字不差地大声朗读十分钟。就这样，乐乐很快把课文背诵下来。不过妈妈没有懈怠，而是要求乐乐每天都要抽出十分钟的时间读课文，直到背诵得滚瓜烂熟为止。后来，乐乐不需要再背诵，妈妈还要求乐乐每隔一周就要把课文拿出来复习呢！在妈妈的指导下，乐乐把这篇课文记得滚瓜烂熟，简直倒背如流。

在这个事例中，妈妈之所以安排乐乐进行这样的记忆，一则是考虑到艾宾浩斯遗忘曲线，二则是考虑到清晨和晚上入睡前都是孩子加强记忆的好时光。如此双管齐下，乐乐在记忆方面当然会有突飞猛进的进步，也会有很大的收获。

第10章 调整自身状态，使记忆力精彩绽放

为了让记忆起到最好的效果，除了要合理滚动复习的时间之外，还要有的放矢地高效利用复习时间。时间是做一切事情的载体，不管是学习新知识，还是复习，都必须在有时间的情况下才能进行。为了加深记忆的效果，我们还要进行滚动复习，就更是要合理利用和规划时间，这样才能保证记忆的时间足够用，记忆的效果足够好。

珍惜时间除了要争分夺秒之外，在复习的时候，还要非常用心和认真。举个简单的例子，一个孩子如果复习的时候看资料，三心二意、心不在焉，则虽然花费了时间，浪费了精力，却没有达到预期的复习效果。这样的记忆是没有效果的，只是白白浪费时间和精力而已。俗话说，好钢用在刀刃上，有宝贵的时间当然要进行有效果的记忆，这样才能让记忆事半功倍。

还需要注意的是，为了实现最佳的记忆效果，不要试图在很大段的时间里都用来复习，而是要把大段的时间分切成为几个部分，平均用在每一天，这样会比把所有时间集中在一起进行复习记忆的效果更好。这也是提升记忆能力、增强记忆效果的好方式。如果条件允许，还可以在清晨起床的时候进行复习，也可以在夜晚入睡前进行记忆。这是因为清晨起床的时候脑子很清醒，此时对于知识的理解和记忆能力都很强。夜晚入睡前的记忆效果也非常好，有心理学家经过研究发现，人们入睡前记忆的内容，即使在睡着之后思维也会继续进行运转和记忆。这合理解释了为何人们在记忆一些内容之后，虽然当天晚

上看着并没有再继续记忆，次日清晨也没有复习巩固，但是在次日其他时间再次尝试记忆的时候，记忆的程度比前一天有了很大的提升。这正是潜意识在发挥作用，在我们入睡的时间依然在对记忆的内容进行加工和记忆，所以才会给予我们这样的惊喜。

自我检测，让记忆力效果最佳

很多时候，孩子们以为他们会做所有的题目，实际上他们并不能是真的会做所有的题目；很多时候，孩子们以为他们已经熟练掌握和牢固记忆一切的知识点，实际上他们并不真的做到了全部都能掌握且灵活运用。难道这样"自以为是"的疏漏必须等到考试的时候才能呈现出来，引起孩子的重视和警惕吗？如果真的是这样，那也太糟糕了。正确的做法是，孩子们在进行学习和记忆之后，要及时进行自我检测，从而让问题早发现早改正，也让记忆力的效果最佳。否则，在学习完新知识之后，孩子们要到几个月后的期中或者期末考试时才能意识到自己不是真的都会，这个时候早就把所学习的知识忘记到90%以上，而要想学习必须从头再来，这当然很糟糕也很低效。

学习何尝不像是求医问药，疾病在皮肤，还可以治疗，而如果疾病深入五腹六脏，即使神医再世也不可能做到妙手回春。学习也是这样的道理，我们在学习之后，必须及时进行复

第 10 章 调整自身状态，使记忆力精彩绽放

习才能牢固掌握，也必须进行自我检查，才能发现自己哪里掌握得好、哪里掌握得不好，从而有的放矢弥补漏洞，改正错误，也引导学习走上正道，让学习起到最佳的作用和效果。

当然，孩子还小，尤其是低年级孩子，还没有养成自我检测的好习惯。在这种情况下，父母就要循序渐进引导孩子，耐心地帮助和配合孩子进行自我检测。当孩子渐渐长大，意识到自我检测的好处，自然能够把自我检测做得更好，也让学习更上层楼。对于高年级的孩子，作为父母就不要再对孩子的学习全面监管，而是要给孩子自由，让孩子有足够的空间自我成长，也积极地进行自我管理，最终形成有自控力的好习惯。此外还需要注意的是，在给孩子购买课外习题的时候，有很多父母因为信不过孩子，往往会把习题后面的答案撕掉。其实，这是很糟糕的选择，因为父母不可能永远跟着孩子去批改习题，唯有让孩子养成做完习题根据答案自我检测的好习惯，孩子们才能意识到错误在哪里，也知道自己的不足。

进行自我测试，有很多种方式。对于需要背诵的课文，可以采取默写的方式进行自我测试；对于需要掌握的数学公式，则可以采取多做习题的方式促使自己及时复习，巩固记忆，如果发现还不能熟练运用，那么就要更加深入学习，必要的时候也可以向他人求教。随着学习的不断深入，孩子们在进行自我检测的时候，难度也要持续加大。在自我检测过程中，如果总是什么都会，万无一失，就无法起到检测的作用和效果，也意

味着需要加大难度。只有真正检测出问题,才能让自己在学习方面的水平更加拔高,也才能让自己在学习方面更上层楼。

俗话说,台上一分钟,台下十年功。从这句话不难看出,要想在舞台上表现得最精彩,在日常练习中就要花费更多的时间和精力,也要付出更多。学习也是同样的道理,为了避免在考试的时候慌乱,一定要把功夫下在平时,也在平时做好万全的准备,这样才能更加轻松地面对考试。

如今,孩子们学习的条件非常好,各门学科除了有《课课练》之类难度比较低的随堂练习,还有不同难易程度的习题,甚至有专门的疑难怪题集合。利用这些习题,学习上处于不同水平的孩子都可以找到合适的自测工具,也可以在学习不同的阶段上用难易程度不同的习题集进行自我检测。单纯的复习略显粗糙,而如果能够借助于习题集,则因为有所挑战和目标,而让复习和自我检测的过程变得更加有趣。当然,对于那些检测出来的不足进行加深记忆,则能够让我们的记忆力变得更加强大,对于所有的知识点都全面理解和记忆,以取得最好的记忆效果。

临阵磨枪,不快也能光

俗话说,临阵磨枪,不快也光。这原本是用来讽刺那些平

第10章 调整自身状态,使记忆力精彩绽放

日里不努力,只有到了最后关头才努力的孩子,哪怕努力也未必能够取得好的结果。然而,从现实意义的角度而言,和那些临阵也不磨枪的人相比,临阵磨枪说不定就能看到一些有用的内容,在考试中派上用场。退一步而言,就算是突击复习真的不能起到最好的效果,至少这样形式上的努力和用功,也会给予自己一些信心和勇气面对考试。

人为何总是等到最后一刻才会去做很多事情呢?这不是因为懒惰,也不是因为平日里的时间太忙,而是因为很多人都有拖延症,总是不愿意当机立断把很多事情做好,而必须要等到最后一刻无法再继续拖延的时候,才会硬着头皮去做。当然和那些面对考试完全放弃,从来不复习的人相比,能够在考试之前进行复习的孩子,会更加有底气。那些平日里已经把功夫下足的同学,完全可以在考试之前放松一些,调整好状态迎接考试到来。但是孩子们如果心知肚明自己在平日里没有下足功夫,则会感到内心很空虚,也很胆怯。在这样的心态影响下他们会走向两个极端,其中一部分人觉得自己根本没希望考好,为此破罐子破摔,彻底放弃努力。而另一个极端的孩子则会把临时抱佛脚的精神发扬光大,哪怕在进入考场前的最后一刻依然在捧着书本看,似乎每多看一个字都是好的。不得不说,临时抱佛脚的孩子们啊,你们与其在不该积极的时候这么积极,为何不在平日的学习中下更多的功夫,提前做好考试的准备呢?心理素质不好的孩子,在考试之前越是紧张急迫地看书,

越是会变得更加慌张、心烦意乱，也完全失去信心，生怕自己在考试过程中不能好好表现。与其如此，还不如在考试前早点儿放下书本，专心致志等到考试到来。当然，这不是不让孩子们临时抱佛脚，而是说哪怕临时抱佛脚，也要讲究限度，不要这边老师已经开始分发试卷了，那边你还在抱着书本不肯撒手。

如果一定要临时抱佛脚，就要采取恰到好处的方法提升临时抱佛脚的效果。首先，要客观中肯地认知自己，知道自己到底有多么大的能力或者有多么强的实力，而不要自不量力，企图一口吃成个胖子。俗话说，贪多嚼不烂。就是告诉我们越是贪婪，反而越是难以得到自己想要的，这很糟糕。为此孩子们要学会取舍，根据事情的轻重缓急，有针对性地进行学习和记忆。

其次，针对学习内容要有规划，有选择性地复习最重要的内容。很多孩子平日里过于懒惰和拖延，在学习上缺勤很多，也导致对于很多学习内容都很陌生。那么到了复习的时候，为了保证复习的效果，就要在复习前对各种知识进行梳理，从而才能根据学习的要求和考试的大纲，挑选出那些重要的知识点，进行突击复习。与其把所有的知识都涵盖在内却又都浅尝辄止，不如在复习之前制定有序的计划，让复习可以按部就班、有的放矢进行，也具有一定的深度，真正保证记忆力的效果。

最后，不管学习的任务多么紧张，也不管考试是否已经迫在眉睫，我们都不要为了复习和记忆更多的内容，而牺牲掉休息的时间。要知道，过度疲劳只会降低记忆力的效果，使得原本只需要花十分钟就能记住的东西，却需要花费半小时都无法记忆牢固。在这种情况下，还不如放下书本专心休息两小时，再来全力以赴投入复习，争取高效复习。时间的规划不但需要认真用心，还需要脑子。更加需要注意的是，千万不要为了复习和记忆而放弃睡眠，选择通宵达旦地加班。和熬夜相比，早晨早些起来进行记忆，是更为明智的选择。这是因为熬夜是在困倦的状态下学习，而清晨早起则是在经历了必要的休息之后，神采奕奕地满血复活。相信聪明的孩子很容易想明白其中的道理，也能知道哪种学习的效果更好。

此外，关于记忆那些容易遗忘的数学公式等，其实还是有技巧的。在复习的过程中，可以把这些容易遗忘的公式等提前整理到纸上，从而方便在进入考场之前抽出十分钟的时间进行短时间强化记忆。而在进入考场之后，还可以把这些内容第一时间写在老师发的草稿纸上。这样一来，从最后一次强化记忆这些公式等，到把这些公式写出来，中间也许只间隔了二十分钟的时间。为此，你默写这些公式的成功率会很高，也会起到最佳的记忆效果。

总而言之，临阵磨枪，不快也光，只要掌握了记忆的方法，能够全力以赴坚持在正确的时间做正确的事情，就可以大力提升记忆的效果，也可以让记忆发挥最佳的作用。

参考文献

[1]石娟. 每天10分钟，高效提升孩子记忆力[M]. 北京：北京理工大学出版社，2013.

[2]罗莱·弗莱. 如何记忆[M]. 北京：中国青年出版社，2018.

[3]杨建峰. 思维导图学习力训练[M]. 汕头：汕头大学出版社，2018.